「ローカルテレビ」の再構築

地域情報発信力強化の視点から

脇浜紀子
Noriko Wakihama

著

日本評論社

はじめに

1　本書のねらい

　本書の刊行に向けての最終段階に入っている2014年初秋、地方議員による「政務活動費問題[1]」が世間を騒がしている。テレビは連日「号泣議員」やその他の不透明な支出が疑われる議員を映し出し、「住民の血税」のずさんな扱いを糾弾し、議員の資質を問う報道を行っている。あるテレビ局のコメンテーターは、地方議会について県民・市民の関心が高くないことを指摘し、「選挙や議会を通して一人ひとりがきちんと日頃からチェックすべき」と語った。しかし、そうした人々が関心をもつべき地方政治に関して、テレビ局はきちんと報道してきただろうか。

　残念ながら、局のアナウンサーとして関西のテレビ報道の最前線で25年間仕事をしてきた筆者は、この問いに対し、首を縦にふることができない。

　明治以来の中央集権的な国家統治が終焉を迎え、地方分権の機運が高まりを見せている。多様で個性豊かな地域社会を実現するために、地方が権限をもち、地域住民が自らの責任で判断できる自律的な仕組みを構築することが議論され、「地方創生」が時代のキーワードとなっている。

　地域社会を構成する要素として欠かせないものの一つがメディアである。新聞・ラジオ・テレビといった伝統的なメディアに、ウェブやソーシャルメディアといったインターネットを利用した新しいメディアも加わり、情報の収集・精査・拡散等、地域社会の運営に不可欠な役割を果たしている。こうした地域社会の構成要素としてのメディア――地域メディア――は、地方分権が進展すればますます重要なものとなるだろう。また、分権の議論の過程

---

[1] 兵庫県議会議員だった野々村竜太郎氏が2013年度に195回にわたって日帰り出張をしたとして約300万円を支出していたことが不自然であると問題になり、県議会や市民オンブズマンが告発、警察が詐欺等の疑いで捜査している。記者会見で野々村元県議が号泣したことが大きな反響を呼んだ。

においてもアジェンダセッティングの機能等で不可欠な役割を担う。地方分権に向けて本格的な動きがみえはじめた今、地域メディアの在り方について見つめ直す時がきている。

　メジャーな全国紙や地方紙にしても、電波を政府によって割り当てられて成立している放送にしても、数十年の歴史を経て、「所与のもの」のような捉えられ方をしてきたが、今世紀に入ってからの急速なデジタル技術の発展は、放送と通信の融合をもたらし、メディア界の変革を迫っている。テキスト、音声、画像、映像がすべてデジタルデータとしてあらゆるメディアでシームレスに展開することが可能となったため、アナログ技術を前提として別々に発展してきた各メディアの在り方自体が非効率で人々のニーズを満たさないものとなってきたのだ。

　デジタル技術のメディアへの恩恵は、紙幅やチャンネル数、もしくは放送時間の制限を受けることなく、多種多様な情報を発信できることにある。これは、地域情報の発信においては絶大なメリットとなる。最大公約数を求めることなく、地域にあわせたきめ細やかな情報伝達が可能となるからだ。しかしながら、ビジネスモデルを始め、メディア界の構造改革が行われていないため、既存メディアはその恩恵をまだ生かせていない。例えば、地上デジタル放送では標準画質なら各テレビ局は最大3チャンネルのマルチ放送が可能となるが、この機能はほとんど利用されていない。東日本大震災の時でさえ、関西のあるテレビ局は放送エリア内の和歌山に大津波警報が出ていたにも関わらず、マルチ放送を活用せずに、東京の帰宅困難者の様子を伝える東京キー局の放送を流していた。

　「地方の時代」を実現するためには、従来の地域メディアの在り方では不十分だ。新旧のメディアを包括的に捉えた、新たな枠組みが検討されるべきであろう。中でも、地域の映像メディアとして深く人々の生活に浸透している地上波民間テレビ（民放テレビ）は、公共の電波を預かっている責任を今一度見つめ直し、ソーシャルメディア等も含めた情報発信を行う「総合地域情報プロバイダー」の役割を担う覚悟をするべきである。

　以上のような問題意識を前提にしつつ、本書は「テレビ」、特に、地域情報を扱う「ローカルテレビ」にスポットを当てて論じている。一つには、若

者のテレビ離れが進んでいるとはいえ、「テレビ」が依然として国民に最も広く浸透しているメディアであるからだ。東日本大震災後のアンケート調査でも、「最も役に立った情報源」は、「テレビ」が63.1％と他を大きく引き離して最も高い[2]。また、映像情報というのは訴求力が高く、万人が理解しやすいという意味で、「テレビ」はパワフルなメディアであり、その影響力は大きい。映像メディアを地域情報強化の観点から論じることは意義のあることであろう。

なお、本書では、「ローカルテレビ」を広義な意味で「地域情報を伝える映像メディア」と捉えているが、狭義には文脈によって、地上波放送を指したり、ケーブルテレビを指したりしており、これについては、その都度、明らかにする。また、テレビ放送が見られるパソコンや、逆にインターネットコンテンツが見られるテレビ受像機が増えていることから、特に言及がない限り、デバイスの違いは意識しない。また、本書では主に民間の活力によるローカルテレビの再構築をテーマとしているため、組織構造も経営形態も異なるNHKについては大きくはとりあげない。NHKの地域性についてはまた稿を改めたいと思う。

2 本書の構成と内容

本書は4部、全9章からなる。第1部では、ローカルテレビの現状と課題を提示している。第1章では、ローカルテレビにあたるメディアとして、地上波民間テレビ、ケーブルテレビのコミュニティチャンネル、インターネットの動画共有サービスの3つをとりあげ、それぞれが抱える課題を整理する。第2章はケーススタディで、筆者が実際に携わった2009年8月の兵庫県佐用町の豪雨被害の災害報道を報告し、地域情報発信において地上波民間テレビの地方局（ローカル局）が抱える構造的問題点を浮き彫りにする。第3章では、放送産業を扱った経済学的視点からの先行研究をネットワークの経済性と規模の経済性という2つの論点から展望する。

---

[2] 総務省（2012）「平成24年版 情報通信白書のポイント」より（http://www.soumu.go.jp/johotsusintokei/whitepaper/ja/h24/index.html）。

第2部では、2つの需要分析を行っている。第4章では大都市圏で映像系の地域情報が不足している点を指摘し、アンケート調査をもとに地域メディアサービスの利用動向を分析した。第5章は多様性をもつ兵庫県内のケーブルテレビのコミュニティチャンネルの評価分析を試みた。これらを通して、ローカルテレビの地域情報機能の現状を浮き彫りにしている。

　第3部は供給分析である。まず第6章で、地域主導の放送再編のキープレーヤーとなり得る基幹ローカル局を対象とし、収益性と社会的機能の双方を考慮してその経営状態を検証する。ここでいう社会的機能とは、地域情報の充実にどれだけ貢献できているかを指し、それぞれの局のどの属性が成果の違いを生んでいるのかを議論する。第7章は、地域行政情報の供給者である地方自治体の情報化への取り組みを、兵庫県の全市町を対象に行ったアンケート調査をもとに検証する。

　第4部第8章では、まず映像メディアの特性について理解を深めるべく、伝送方式、コンテンツ制作、送出運行業務について実際の作業環境も含めて記述する。そして映像メディアとしてのノウハウを積み上げた地上波民間テレビ事業者を基軸とするローカルテレビ再編の有効性を、再編モデルもあわせて論じる。最後に第9章において、ローカルテレビ再構築へ向けた提言をまとめる。

3　謝辞

　本書は大阪大学大学院国際公共政策研究科において2010年に提出した博士学位論文を修正・加筆して書籍としてまとめている。出版にあたっては、公益財団法人KDDI財団の著書出版助成を受けた。実務を本業とする筆者が学術図書を出版できるに至ったのはKDDI財団の支援のおかげである。ここに記して感謝の意を表したい。

　また、博士論文の作成にあたっては、大阪大学大学院国際公共政策研究科山内直人教授、同赤井伸郎准教授、兵庫県立大学大学院応用情報科学研究科辻正次教授より熱心なご指導を賜った。特に、辻教授は長きにわたり研究の心構えも含めてご教示くださった、筆者にとっては恩人である。

　神戸学院大学経営学部小川賢准教授、公正取引委員会競争政策研究センタ

一研究員（日本学術振興会特別研究員）であった故明松祐司氏には丁寧に推定上の質問に答えていただいた。総務省情報流通行政局今川拓郎氏からは有益なコメントをいただいた。甲南大学倉本宣史マネジメント創造学部助教、明石工業高等専門学校講師の石田祐氏、嘉悦大学ビジネス創造学部真鍋雅史准教授には研究の過程で様々な議論に協力をいただいた。深く感謝したい。

慶應義塾大学メディア・コミュニケーション研究所の研究プロジェクトにおいては、総務省情報通信政策研究所の助成を受けて「地域メディアの利用満足度と地域ネットワークの利用に関するウェブ・アンケート調査」を実施することができ、本書第4章の分析に活用した。特に、同研究所の菅谷実教授からは折りに触れて励ましもいただき、仕事と研究を両立する支えとなった。お礼申し上げたい。

兵庫ニューメディア推進協議会の調査研究グループでのアンケート調査やフィールド調査も本書第5章、第7章に反映されている。特にグループメンバーである総務省地域情報化アドバイザーの井上あい子氏は地域メディア活動の実践現場を訪問する際のサポートをしてくれた。今後も共に現場に足を運ぶ活動を続けていきたい。

最後に、筆者のはじめての学術図書の出版を実現に導いていただいた日本評論社の小西ふき子さんと武藤誠さんにお礼を申し上げたい。

2014年11月

脇浜　紀子

目　次

はじめに　*i*
　1　本書のねらい　*i*
　2　本書の構成と内容　*iii*
　3　謝辞　*iv*

第1部　ローカルテレビの現状と課題　*1*

第1章　多様化するローカルテレビの課題と可能性 ── *3*
　1．地上波民間テレビ放送のパラドックス ……………… *3*
　　1.1　地域民間テレビ放送の発展と役割　*3*
　　1.2　マスメディア集中排除原則　*6*
　　1.3　ネットワークの形成　*7*
　　1.4　地域性担保のための規制　*9*
　2．ケーブルテレビのコミュニティチャンネルの課題 ………… *12*
　　2.1　コミュニティチャンネルの重要性　*13*
　　2.2　コミュニティチャンネルについての先行研究　*14*
　　2.3　ケーブルテレビの統合・連携の動き　*16*
　3．動画共有サービスの可能性 ……………………………… *17*
　　3.1　ユーザーが発信する映像情報　*17*
　　3.2　自治体の取り組み　*18*

第2章　災害報道からみる地上波テレビの限界と課題 ── *22*
　1．佐用町豪雨被害の初動報道 ……………………………… *22*
　　1.1　被害の概要　*22*
　　1.2　発災からの動き　*23*
　2．災害報道の抱える問題点 ………………………………… *25*
　3．地域性へのボトルネック ………………………………… *27*
　4．災害時の地域メディア連携 ……………………………… *28*

  5．価値判断のパラダイムシフト ……………………………… *30*

第3章　放送の経済分析：展望 ―――――――――――――― *35*
 1．経済学的アプローチの有用性 ……………………………… *35*
 2．ネットワークの経済性 ……………………………………… *36*
 3．規模の経済性 ………………………………………………… *37*
 4．今後の研究の展望 …………………………………………… *42*

第2部　地域映像メディアの需要分析　*45*

第4章　大都市圏の地域映像情報の評価分析 ――――――――― *47*
 1．地上波民間テレビ放送の情報不均衡 ……………………… *47*
 2．アンケート調査概要 ………………………………………… *49*
 3．地域情報の入手ソース ……………………………………… *50*
 4．映像メディア利用動向に関する質問項目 ………………… *51*
 5．順序ロジットモデルによる回帰分析 ……………………… *53*
  5.1　分析モデル　*53*
  5.2　推定結果　*54*
  5.3　推定結果からの考察　*58*
 6．地域と量・質の満足度の相関分析 ………………………… *59*
 7．大都市圏の地域メディアサービスの展望 ………………… *63*
  7.1　競争環境の不在　*64*
  7.2　映像コンテンツの特性　*64*
  7.3　地域映像情報メディアの今後　*64*

第5章　コミュニティチャンネルの評価分析 ――――――――― *66*
 1．調査の趣旨 …………………………………………………… *66*
 2．アンケート調査の概要 ……………………………………… *67*
 3．兵庫県の放送メディア環境 ………………………………… *68*
 4．評価分析 ……………………………………………………… *71*
  4.1　調査データ　*71*

    4.2　居住エリア別分析　*72*
    4.3　局別分析　*79*
  5．まとめ ……………………………………………………………… *84*
    5.1　インプリケーション　*84*
    5.2　課題と展望　*87*

第3部　地域情報発信の供給分析　*89*

第6章　基幹ローカルテレビ局経営の比較分析 ── *91*
  1．基幹放送 ………………………………………………………… *91*
  2．基幹局 …………………………………………………………… *93*
  3．基幹局エリアの放送事業の概観 ……………………………… *95*
    3.1　北海道エリア　*95*
    3.2　宮城エリア　*96*
    3.3　中京エリア　*96*
    3.4　関西エリア　*97*
    3.5　広島エリア　*98*
    3.6　福岡エリア　*99*
  4．分析対象局 ……………………………………………………… *99*
  5．分析に用いる指標 ……………………………………………… *100*
  6．放送エリア別の比較検証 ……………………………………… *104*
    6.1　放送エリアの規模　*104*
    6.2　営業収益、営業利益、営業利益率　*105*
    6.3　自社制作比率　*108*
    6.4　人口1人当たり地域放送量（秒）　*109*
    6.5　地域別傾向まとめ　*110*
  7．局別検証 ………………………………………………………… *111*
    7.1　局別営業収益期間平均　*111*
    7.2　局別営業利益期間平均　*111*
    7.3　局別営業利益率期間平均　*112*
    7.4　局別自社制作比率期間平均　*112*
    7.5　1人当たり地域放送量平均　*114*

7.6　地域別の営業利益率の年度推移　*114*
　　7.7　地域別の自社制作比率の年度推移　*119*
　　7.8　地域別の1人当たり地域放送量の年度推移　*123*
　8．考察　……………………………………………………………　*123*
　　8.1　「土管型」ローカル局　*124*
　　8.2　「老舗型」ローカル局　*126*
　　8.3　放送エリアの縛り　*129*
　9．インプリケーション　……………………………………………　*130*
　　9.1　新しい評価基準　*130*
　　9.2　新しい競争環境　*131*
　　9.3　政策的含意　*134*

第7章　地方自治体の情報供給 ──────────────── *143*
　1．市町村レベルの情報発信の意義　……………………………　*143*
　2．アンケート概要　………………………………………………　*144*
　3．ソーシャルメディア活用の現状　……………………………　*146*
　4．災害時の情報発信　……………………………………………　*149*
　5．災害時のメディア連携　………………………………………　*153*
　　5.1　進む自治体ホームページの活用　*153*
　　5.2　公共情報コモンズが抱える課題　*154*
　　5.3　テレビメディアへの災害情報提供の現状　*156*
　　5.4　フリースポット環境　*159*
　6．まとめ　…………………………………………………………　*161*

第4部　ローカルテレビの地域情報発信力強化へ向けて　*165*

第8章　映像メディアの特性とローカルテレビ再編 ───────── *167*
　1．テレビメディアの特性　………………………………………　*167*
　　1.1　映像伝送手段　*167*
　　1.2　映像伝送手段とコンテンツ　*170*
　　1.3　コンテンツ制作と送出運行業務　*172*

2．ノウハウの還元 …………………………………………………… *176*
　3．ローカルテレビ再編 ……………………………………………… *179*
　　3.1　地域性発揮の重要性　*179*
　　3.2　地域メディア再編モデル　*182*
　　3.3　再編モデルの問題点と取り組み事例　*185*

第9章　ローカルテレビ再構築への道筋 ── *189*

　1．ハード・ソフト分離論を越えて ………………………………… *189*
　2．地上波民間テレビへの期待 ……………………………………… *193*
　3．おわりに ………………………………………………………… *196*

索引　*199*

第Ⅰ部

ローカルテレビの現状と課題

第1章
多様化するローカルテレビの課題と可能性

　地上波民間テレビ、ケーブルテレビのコミュニティチャンネル、インターネットの動画共有サービスは、その成り立ちも伝送技術も違っているが、地域映像情報を扱えるという意味ではそれぞれ「ローカルテレビ」として機能するメディアである。この章では、この三者の現状と課題を考察する。

1　地上波民間テレビ放送のパラドックス

　一般に、「民放テレビ」と呼ばれる地上波の民間テレビ局は、テレビのスイッチさえ入れればすぐに見られる国民に最も浸透したメディアであろう。それらはすべて地域ごとに独立した事業者が経営しており、ローカルテレビの再構築においては、リーダーシップを発揮すべき存在であるが、歴史的成り立ちや商慣行等がこれを阻んでいる側面がある。

1.1　地域民間テレビ放送の発展と役割

　日本の地域民間テレビ放送（ローカルテレビ局）は、民放テレビ第一号の日本テレビが1953年に東京で放送を開始したのに対して[1]、3年遅れた1956年に名古屋の中部日本放送と大阪の大阪テレビ放送（現・朝日放送）の開局

---

1) 日本テレビも関東を放送エリアとするローカル局という役割もあるが、現状において在京局はキー局という位置づけが大きい。本書では在京局は地域局とは扱わない。

で始まった。以降、1958年、1959年の田中角栄郵政大臣時代の一括大量免許交付[2]、1968年の旧郵政省「一県一局」政策、1986年の同「一県四局」政策[3]が打ち出されるに従い、局数は加速度的に増え、右肩上がりの経済を背景にテレビは広く国民に浸透し、広告媒体となったこともあいまって絶大なるプレゼンスを確立した[4]。現在、地上波民間テレビ局は東京キー局も含め全国に127局あり、ほぼ日本全国民にあまねくリーチしている。2011年度の放送メディア全体の市場規模は3兆9,115億円で、その内地上波民放事業者のシェアは民間放送事業者の中で69.9％を占めている[5]（総務省, 2013）。

　テレビ放送に必要な電波は有限であり、また混信を防ぐために周波数割当が必要となる。こうした物理的制約から、放送サービスはエリアを区切って免許が交付されている。しかしながら、エリアの分け方や免許をどのような要件で交付するかは、技術的制約ではなく制度として決められている。放送免許が原則都道府県という行政区分ごとに個別の事業者に与えられ、地域の情報インフラとして構築されていった制度的経緯は以下のようなものである。

　放送制度は電波法と放送法を基本に、これに基づく政令や省令から形成されている。放送免許自体は無線局としての放送局設置への免許であり、事業に対してではなく施設に対して与えられるものであるが、免許申請の審査基準には種々の規定が存在する。そのうちの一つが「放送局の開設の根本的基準」と呼ばれる省令（1950年公布）[6]である。その第9条に「その局を開設することが放送の公正かつ能率的な普及に役立つものでなければならない」

---

[2] 池田（2006）は、田中角栄郵政大臣（当時）がテレビ局開設申請を一本化調整するなど、電波を「利権」として自らの政治活動に有効に使ったと指摘している。
[3] 一般に、「地上民放テレビ4局化構想」と呼ばれる。1986年1月、郵政省（当時）がテレビ放送用周波数の割当計画基本方針を修正し、受信機会の平等を実現するため全国各地域で最低4の民間テレビジョン放送の受信が可能となることを目標とすると明記した。（社団法人日本民間放送連盟, 2001）。
[4] 電通「2012年日本の広告費」によると、テレビ広告費は2004年から5年連続で減少した後、微増傾向に転じている。2012年には媒体別で総広告費の30.2％を占めてトップである。2位はインターネット広告費で14.7％、3位が新聞で10.6％である。
[5] 平成25（2013）年度版情報通信白書によると、地上系放送事業者売上高からコミュニティ放送売上高を除くと、2兆2,382億円（コミュニティ放送以外のラジオ事業を含む）である。

という条文があり、これを根拠に1959年「一般放送事業者に対する根本的基準第9条の適用の方針」と「一般放送事業者に対する根本的基準第9条の適用の方針に基づく審査要領」が、免許公布ないし免許更新の審査基準として明文化されている（部内通達）[7]。前者には「放送に関する地域社会特有の要望を充足することを期待する」という方針が、後者には「できるかぎり人的に及び資本的に、その地域社会に直接かつ公正に結合すること」という方針が記載されている。

　これは、旧放送法（2010年改正前）第2条の2を受けて1988年に策定された「放送普及基本計画」においてより明確に示され[8]（鈴木, 2004）、あわせて原則県域の放送対象区域[9]ごとの目標置局数も定められ、いわゆる「県域免許」と呼ばれる現行の地上波民間放送の地域性要件が定着することとなった。ちなみに放送対象区域の設定は総務大臣の裁量範囲とされており、法律で「県域」が定められているわけではない[10]。

---

6) 昭和25（1950）年12月5日電波管理委員会規則第21号が、後に、郵政省令、総務省令となる。電波管理委員会は戦後GHQの指導の下、短期間設置されていた（1950年6月1日設置、1952年7月31日廃止）。
7)「一般放送事業者に対する根本的基準第9条の適用の方針」では独占の排除、集中の回避、「一般放送事業者に対する根本的基準第9条の適用の方針に基づく審査要領」では議決権や役員数の制限、ラジオ・テレビ・新聞の三事業兼営原則禁止なども規定している。
8) 放送普及計画第1の3に「地上系による一般放送事業者の放送については、放送事業者の構成及び運営において地域社会を基盤とするとともにその放送を通じて地域住民の要望にこたえることにより、放送に関する当該地域社会の要望を充足すること。」と記載されている。
9) 放送対象地域は、放送の区分ごとの同一の放送番組の放送を同時に受信できることが相当と認められる一定の区域として、総務大臣が放送普及計画において定める。原則は県域単位だが、例外は、関東広域圏（茨城・栃木・群馬・埼玉・千葉・東京・神奈川）、関西広域圏（滋賀・京都・大阪・奈良・兵庫・和歌山）、中京広域圏（愛知・岐阜・三重）、岡高地区（岡山・香川）、山陰地区（鳥取・島根）である。
10) 旧放送法第2条の2に、総務大臣が放送普及基本計画において置局に対する放送対象地域を定めるという内容の規定がある。その際の勘案すべき事情として、「地域の自然的経済的社会的文化的諸事情」等が挙げられている。また、旧電波法第14条第3項（現電波法第6条2項）に、放送をする無線局の免許状に放送区域の記載をしなければならないと定められている。

こうした地上波放送の地域性要件を内包するのが「マスメディア集中排除原則」である。「放送をすることができる機会をできるだけ多くの者に対し確保することにより、放送による表現の自由ができるだけ多くの者によって享有されるようにする」(旧放送法第2条の2) という規定を実現するために、「一の者によって所有又は支配される放送系の数を制限」するものである。さらに、複数のテレビ局をひとつの資本が支配することができないように出資比率を規制する「出資規制」が設計されている。このマスメディア集中排除原則により達成できるとされるのが、放送の多元性・多様性・地域性である。

1.2　マスメディア集中排除原則

2010年12月に公布された「放送法等の一部を改正する法律」では、マスメディア集中排除原則の基本の法定化がなされた。マスメディア集中排除原則は、前述の通り、放送の多元性・多様性・地域性を確保するために必要不可欠なルールと位置づけられている。改正放送法では、第91条第2項第1号に「基幹放送をすることができる機会をできるだけ多くの者に対し確保することにより、基幹放送による表現の自由ができるだけ多くの者によって享有されるようにする」と規定され、これを実現するために、基幹放送系についてはひとつの資本による支配の数を制限している。

改正前はサービスごとに「放送法」「有線ラジオ放送法」「有線テレビジョン放送法」「電気通信役務利用放送法」の4つに分かれていた放送関連法を「放送法」に統合した上で、「基幹放送」(放送用に専ら又は優先的に割り当てられた周波数を使用する放送) と「一般放送」(基幹放送以外の放送) という区分を設け、地上波民間テレビが該当する前者についてより明確にマスメディア集中排除原則を規定したのである。つまり、それまで省令に委任されていた出資比率を明文化し (放送法第93条第1項第4号・第2項)、さらに違反した場合には総務大臣はその認定等を取り消すことができることとなった (放送法第104条第3号)。

しかし、2010年の改正では、出資比率規制は「5分の1未満」から「3分の1未満」に緩められている。近年の地方局の厳しい経営事情を考慮し、認

定持株会社方式で大規模局が小規模局を傘下に収めて経営支援できる法整備がなされたわけだが、果たして、中央の大規模局が地方の小規模局に対し資本支配を強めながら、同時に地域性を発揮していくことは期待できるのだろうか[11]。

1.3 ネットワークの形成

放送政策においては、情報格差是正という名の下で一貫して多局化政策も進められてきた。これに対しては、かねてから批判的な声があげられている。例えば、武藤他（1990）の中での須藤春夫氏の発言によれば、多局化したメディアが直ちに地域的情報メディアとして機能しないこと、多局化の進んだ地域ほど番組の類似がみられることが批判されている。つまり、多元性が自動的には多様性や地域性につながらないという指摘であるが、その一因となっているのがネットワークの存在であろう。

ネットワークとは複数の放送事業者間の業務提携であるが、「テレビ局の歴史は、ネットワーク形成の歴史でもある」（社団法人日本民間放送連盟, 1997）と言われるように、前出の2つの日本初のローカル局もその誕生時以前に放送開始していた東京の2局[12]から番組供給を受けた。その後、国内初の民放ニュースネットワーク[13]であるJNN（ジャパン・ニュース・ネットワーク）がTBSを中心に1959年に発足したのを皮切りに、1966年に日本テレビ系のNNN、フジテレビ系のFNN、1970年にテレビ朝日系のANNが形成された[14]。

---

11) 2010年改正放送法の第163条には「子会社の責務」として、認定放送持株会社の傘下に入った基幹放送事業者は「当該放送対象地域向けに自らが制作する放送番組を有するように努めるものとする」という規定がある。
12) 日本テレビ放送網（1953年8月28日開局）とラジオ東京（1955年4月1日開局、現TBSテレビ）。
13) ニュースネットワークの他に、番組供給ネットワークもある。小塚（2003）は、民放ネットワークは法律的に分析すると、ネットワーク基本協定、ネットワーク業務協定、ネットワークニュース協定といったいくつかの契約が重なりあって構成されていると報告している。
14) 全国6局のみが参加しているテレビ東京系列のTXNネットワークが完成したのは1991年である。

ネットワーク協定はこれらニュース放送の提携から始まったわけであるが、ローカル局が毎日規則的・継続的に国内外のニュースを提供するためには特定キー局との提携は必然であり（北海道放送社史編纂委員会, 1982）、キー局にとっては地域のニュース供給源としてローカル局との協力関係は不可欠であった。さらに、キー局が制作した番組を全国ネットで放送することで、広告媒体としての価値も高まるという営業的要請から番組供給ネットワークが確立した。もともと東京キー局に対抗できるような番組制作資源のなかったローカル局にとっては、良質の番組を安定して得られることは経営的にプラスであるし、なによりネットワーク配分[15]という広告料の分配金を受け取ることができた。

　要するに、キー局もローカル局も経営を優先した結果の理想がネットワーク形成であり、県域免許と出資規制という構造規制で誕生した多元的なローカル局が実際に達成したのは、多様性でも地域性でもなく、中央の作った番組を地域にも等しく供給するという同報性・同質性であった。ローカル局の経営課題について群馬・福島・長野の複数ローカル局等にインタビュー調査を行った筱島・樋口・吉見・木戸・関野・深澤（2010）は、在京キー局中心の系列構造を当然視する事業者に対し、「系列構造そのものは放送制度の柱であるマスメディア集中排除原則に対して対抗的に働くものであり、系列構造を抜きにして県域放送制度が存在しえないとすれば、それは制度的矛盾である」（p.151）と指摘している。

　国民に映像コンテンツを届ける手段が限られていた時代には、情報の共有や文化の形成のためにも、中央の作ったものを一律に全国隅々に伝達する同報性維持には一定の意義があったであろう。しかしデジタルテクノロジーの出現がもたらしたメディアの多様化は、映像コンテンツへのアクセスチャンネルを増大させ、地上波テレビの希少価値を希薄化した。つまり同報性の担

---

15) 番組を発信するネットワーク発局がネットワーク受局に対し放送料金（収入）を分配する。発局が受局の分もまとめて広告会社と交渉する方式と各局が個別に交渉する方式がある。西（1998）は系列各局への配分比率はそれぞれの局が立地する地域の人口や経済力に応じることになっているが、実際には経営状態等の特殊事情が考慮されることが多いと説明している。

い手がローカル局である必然性はなくなり、むしろ衛星放送のような代替メディアの有効性が認識されるようになった。ここに至ってはじめて、地上波民間放送事業が「競争」市場にあてはまるものと理解されるようになった。さらには放送事業者自身が国策としてのデジタル化を迫られ、その投資がローカル局の経営基盤をゆるがし、現実の経営課題として顕在化し、「つぶさない」ためにはどうした政策がとられるべきかという議論すら始まっている。

　このような中、まず2008年４月に施行された改正放送法でマスメディア集中排除原則が緩和され、認定持株会社方式による事業の再編が可能となった。つまり、放送エリアを越えて大規模局が小規模局を傘下に収めて経営支援できる法整備がなされたのである。さらに、前述の通り、2010年改正放送法では、それまで省令で定められていたマスメディア集中排除原則を放送法に明記した上で、出資比率規制を「５分の１未満」から「３分の１未満」に緩め、出資の余力のあるキー局等の大規模局が経営の苦しい小規模局を傘下に入れることが可能となった。持株会社の放送対象地域の数の合計（持株会社傘下の子会社数）は12以下なので、在京キー局（７局相当）は在阪準キー局（６局相当）以外のローカル局との合併が可能である。また、隣接地域や地域的関連性が密接な地域のローカル局が合併することも認められるが、放送エリアの重複地域では10分の１以下の出資規制が依然として留保されている。つまり、ネットワークの枠を超えて同一地域のローカル局が合併することは容認されず、既存のネットワーク内での合併のみが想定されており、今後もネットワークを基軸とする戦略は継続されると思われる。

1.4　地域性担保のための規制

　ところで、ローカル局を「つぶさない」ための政策をとるには、多元性・多様性・地域性の原則が引き続き達成すべき政策目標であるというコンセンサスがなくてはならない。総務省の「放送政策研究会」[16]（2000年５月〜2003年２月）をはじめとして、識者を集めた多くの行政の研究会[17]でこの民主主義の大原則ともいえる理念は追認されていった。一方で、既に指摘したようにマスメディア集中排除原則による構造規制は、この理念の実現に対しては機能してこなかったという現実がある。これを受け総務省の「デジタル化の

進展と放送政策に関する調査研究会」[18](2004年7月～2006年10月)は、はじめて地域性担保のために「行為規制」の適用の可能性について言及した。

従来、放送分野における規制は、言論の自由の観点から公権力の放送内容への介入は最低限に保つべきとされ、放送免許や所有規制等の構造規制に重点がおかれてきた。行為規制にあたるものとしては、公安・良俗の原則や政治的公平の原則からなる「番組準則」、教養・教育・報道・娯楽のバランスをとることを定めた「番組調和原則」、災害放送規定等が放送法に定められているが、地域番組に関するものはなかった[19]。一歩踏み込んだこの行為規制は「将来的には地元資本要件を撤廃することを念頭に、これに代えて一定比率以上の地域番組確保のための規律を導入する」という考え方である。つまり、ローカル局をつぶさないためにマスメディア集中排除原則をさらに緩和し、放送持株会社によるグループ経営を新たな経営の選択肢として制度化するものの、それが地域情報減退につながらないよう一定割合の地域番組の

---

16)「放送政策研究会」(座長：塩野宏東亜大学通信制大学院教授)の「最終報告」(2003年2月)では、「マスメディア集中排除原則の見直しの検討に際しては、放送の健全な発達を図るとともに視聴者が放送による利益を享受し得るため、『多元性』、『多様性』、『地域性』をマスメディア集中排除原則によって引き続き達成すべき重要な政策目的とすることが適当であると考えられる」としている。

17) 公正取引委員会「政府規制等と競争政策に関する研究会・通信と放送の融合問題検討ワーキンググループ」(2001)、総務省「ブロードバンド時代における放送の将来像に関する懇談会」(2003)、総務省「通信・放送の在り方に関する懇談会」(2006)などがある。

18)「デジタル化の進展と放送政策に関する調査研究会」(座長：塩野宏東京大学名誉教授)の最終報告(2006年10月)では、①放送を取り巻く環境の変化等を見据えて、マスメディア集中排除原則の基本理念(放送の多元性・多様性・地域性の確保)を堅持しつつも視聴者利益を増大する方向で放送制度を見直すこと、②視聴者ニーズに資するサービスや事業形態を可能とする観点から、技術革新をはじめとして、経営形態の選択肢拡大、企業統治の実効性の確保等企業法制に関する制度改革の成果を積極的に取り入れること、③諸外国の放送制度や改正動向に十分留意すること、を基本的考え方とし、「放送持株会社」導入等が提案されている。

19) 日本放送協会(NHK)については放送法第81条(旧放送法第44条第1項第2号)に、「全国向けの放送番組のほか、地方向けの放送番組を有するようにすること」という規定がある。また、「デジタル化の進展と放送政策に関する調査研究会」によると、海外においては、フランスで「地域テレビ局では、地方で制作されたもの又は地方を扱ったような地方向け番組が50％以上なければならない」という規律が、イギリスで「英国情報通信庁が適切と認める割合を地域で制作された番組が占める」という免許条件がある。

提供を確保するという行為規制を導入するというものである。

実際、2008年10月末の地上放送局再免許申請前の関係省令等の改正において、ローカル番組比率に関して事実上の数値目標が設定された。あくまで割当周波数が不足して競合が起こった場合の「比較審査基準」[20]の項目の1つであるが、1週間当たりのローカル番組比率を50％以上・20％以上50％未満・20％未満の三段階に区分して評価することとしている[21]。関西、中京の広域圏を除くほとんどのローカル局の自社制作比率がせいぜい10％前後であることからすると、妥当性に疑問が残る区分である。

そもそも放送をめぐる規律には建前で終わっているものが多い。例えば、マスメディア集中排除原則において三事業（新聞・ラジオ・テレビ）支配禁止が定められているにもかかわらず、新聞社の放送局支配は常態化している[22]。これは、当該地域にニュース又は情報を伝える他の事業者があって独占の恐れがないときは適用除外となるという規定[23]があるためである。

さらに、放送法第110条（旧放送法第52条の3）の「基幹放送事業者は、特定の者からのみ放送番組の供給を受けることとなる条項を含む放送番組の供給に関する協定を締結してはならない」という放送番組の供給に関する協定の制限は、ネットワーク協定の存在を見る限り完全に形骸化している。舟田（2001）は、この規定は自らは全く番組の制作・調達に関与せず特定の者からの供給に完全に依存することを禁じているのであって、ネットワーク協定はこれに当たらないが、他の系列から番組供給を受けないという暗黙の拘束があることからすると独占禁止法上の「排他条件付取引」及び「拘束条件付取引」の類型に当たるとしている。但し、「公正な競争を阻害するおそ

---

20) 審査項目には、事業計画の確実性、放送対象地域内の世帯カバー率、視聴障害者への配慮、災害放送への対応等がある。
21)「ローカル番組」とは出演者、番組内容等からみて当該放送事業者の存立の基盤たる地域社会向けの放送番組と認められるものとされている。
22) 例えば、静岡新聞と静岡放送（テレビ・ラジオ兼営）は静新SBSグループを形成し、社屋も共有、山形新聞と山形放送（テレビ・ラジオ兼営）もグループ会社で2007年5月にオープンした山形メディアタワーを拠点として運営、山梨日日新聞と山梨放送（テレビ・ラジオ兼営）も山日YBSグループを形成し社員を一括採用するなどしている。
23)「放送局の開設の根本的基準」第9条第3項に規定。

れ」までには一般的には認定できないという判断である。市村（2003）は、ネットワーク協定が「放送番組供給協定禁止条項」との関連で問題にならない背景に、ネットワークの番組流通機能が各地域の番組を豊かにし、情報格差の解消に貢献している点を挙げている。また、ネットワーク配分金のおかげでローカル局の経営が安定し、わずかな割合とはいえコストのかかる自主制作番組の制作につながってきたと一定の評価を与えている。その上で、現在のキー局のローカル局に対する優越的地位は過剰であり、ネットワーク取引の明確化が必要であると論じている。

放送政策を論ずるにあたっては、このような厳密に法の精神に照らし合わせると違反している可能性の高い活動により[24]、現在の放送事業は成り立ってきたことをまず認識すべきであろう。今後は、東京キー局とそれ以外の局では別の規制をするなど（砂川, 2007）[25]、より現実に即した実効性の高い制度設計を模索する必要があるのではないか。そうでなければ、いくら議論を重ねて理想的な制度設計を構築しても、多元性・多様性・地域性は達成されない。

＊　　　　　＊

以上、地上波の地域民間テレビ事業が発展し、現在のようなネットワーク体制が築かれてきた経緯と放送政策の変遷を概観した。

2　ケーブルテレビのコミュニティチャンネルの課題

日本のケーブルテレビは、地上波チャンネルを見るための村の共聴設備としての極めて小規模な施設から、最近では米国のメディアコングロマリットに比肩するような大規模事業者まで登場している。また、電話・インターネットサービスを組み合わせた地域のインフラを担い、多チャンネルを展開し

---

[24] 2004年から2005年にかけて、マスメディア集中排除原則違反事例が大量に発覚した。名義株式等の形で、上限を超えて出資したり、出資を受けたりしている放送局、新聞社74社に対し総務省は厳重注意を行った。

[25] 砂川（2007）は、民放テレビ売上の約6割弱を占める在京キー局（5社）を「関東広域圏を放送対象地域」とする民放局と捉えて他のローカル局と同列の規制を行うのは無理があると述べている。

て衛星放送やIPTVと競争して娯楽を提供するという役割も担っている。ここでは特に、コミュニティチャンネルの取り組みに焦点をあてて、ケーブルテレビの抱える課題を浮き彫りにする。

2.1 コミュニティチャンネルの重要性

　日本のケーブルテレビサービスは1955年に群馬県伊香保で始まった。これはその2年前にスタートした地上波テレビ放送の電波が届かない地域での難視聴対策としてNHKにより設置されたものだったが、1963年には岐阜県群上八幡の共同視聴施設で自主放送が試みられている。2012年度末の時点で、自主放送を行うケーブルテレビ事業者は659にのぼり、一般にコミュニティチャンネルという呼び名で地域情報等を伝えている。

　放送・通信を取り巻く環境が著しく変化してきたここ数年来、ケーブルテレビの役割が改めて問い直されている。手厚い公的補助の枠組みに支えられ[26]世帯普及率が50％を超え[27]、トリプルプレイ[28]等のブロードバンドを含む地域の総合情報通信基盤として定着しつつあるケーブルテレビに、大きな期待が寄せられるのは当然のことであろう。

　総務省がまとめた「2010年代のケーブルテレビの在り方に関する研究会」[29]

---

[26] 代表的な財政支援策としては、総務省の地域情報通信基盤整備推進交付金、金融支援として高度有線テレビジョン施設整備事業に対する債務保証及び利子助成、さらに様々な税制支援がある。農林水産省では農山漁村活性化プロジェクト支援交付金等があるが、1975年度より行ってきた農村総合整備モデル事業等の助成措置をめぐっては、それを調整する専門機関である社団法人日本農村情報システム協会が2009年6月不明朗な取引を行って債務超過に陥り、自己破産を申し立てた。2000年までの公的補助を含むケーブルテレビ政策については林（2001）も参照。

[27] 総務省によると2013年3月末における自主放送を行う許可施設（501端子以上）のケーブルテレビ加入世帯数は2,804万世帯で、世帯普及率は51.8％（対前年度比1.4ポイント増）である。

[28] インターネット接続、固定電話、映像配信の3つを1本の回線で提供するサービスで、光ファイバーの整備で可能となった。これに携帯電話を加えたクアドルプルプレイと呼ばれるサービスも欧米では始まっている。またオンデマンドやゲーム等のアプリケーションサービスとも組み合わせ、マルチプレイと呼ぶビジネスモデルも模索されている。

[29] 研究会は2006年1月に総務省情報通信政策局の研究会として設置され、2007年7月に報告書がとりまとめられた。

の報告書では、2010年代のケーブルテレビのあるべき姿として、「フルデジタル映像サービス」、「ユビキタスネットワーク社会の基盤」、「地域密着サービス」、「国産技術の世界展開」を挙げ、事業としての収益性と、公共性の両立を強調している。とりわけ、地域密着性は、他の放送や通信事業者が類似サービスを展開している中、ケーブルテレビ事業者が競争に生き残る鍵となっている。

競争を行う上で差別化が図りにくいインフラ機能に対し、地域に密着するコンテンツを提供できることは、自治体、住民、地元企業と密接なネットワークをもち地域に根ざすケーブルテレビ事業者の強みであり、コミュニティチャンネルの強化戦略を打ち出す事業者が増えてきている。

一般的には、コミュニティチャンネルとは15分から60分ほどの番組を週に1～3回制作し、リピート放送するものである[30]。放送エリアが相対的に広い地上波テレビに比べ、より限定的な地域を対象とするコミュニティチャンネルは、住民に最も近い地域情報メディアといえよう。

2.2 コミュニティチャンネルについての先行研究

かねてから、ケーブルテレビの地域情報メディア機能には多くの研究者が注目してきた。80年代までの研究については、多喜（1991）の文献レビューに詳しい。ここでは詳述しないが、当初からケーブルテレビの自主放送は、「地域情報環境の活性化」という、行政によって設定され、かつ研究者により認知された「意義」に、現実の運営が追いついていない状況がわかる。

その後、地元事業者要件の廃止、サービス区域制限の緩和、通信事業兼営解禁、外資規制の緩和・撤廃等、ケーブルテレビ局の経営の自由度を高める目的で実施された1993年以降の規制緩和策は、事業の広域化、多角化、さらに複数のケーブルテレビ局を所有するMSO（Multiple System Operator）の成長をもたらした。こうした規模拡大[31]に向かう業界再編の流れを整理した上で、鳥居（1998）はケーブルテレビの地域の情報提供能力の維持・開発が最重要課題であると位置づけている。

---

30) コミュニティチャンネルについては榊原（2005）に詳しい。

つまり、ケーブルテレビの地域情報機能は長きにわたり課題とされてきたわけだが、わずかな例外を除き、コミュニティチャンネルが地域での情報ハブを担うような存在には成り得ていない。ケーブルテレビ局は人員、経験、資金などの点で劣り、これまでのところ、地上波テレビ放送の番組に対抗できるコンテンツ制作に至っていないのが現状である[32]。さらに、民放における視聴率調査のようにどのくらい視聴されているかといった基本的な評価の仕組みさえ存在しない[33]。つまり、制作者のモチベーションを高め、スポンサーを開拓して資金を確保するための客観的指標がないまま、ごく少数のスタッフが地域情報番組の制作に従事しているケースが多い。このため、概してコミュニティチャンネルでの自主制作番組は視聴率が低く、視聴者から面白くないとの評判を受けがちである。

コミュニティチャンネルの自主制作番組の評価に関わる研究としては、八ツ橋・友安（2005）が鳥取県米子市の中海テレビ放送をとりあげ、地域番組への注力（インプット）がもたらす加入者増加効果を調査し、地域番組に積極的に取り組むことが経営にもプラスになると主張した。また、島崎・大谷・川島・守弘・四方・高橋・川上（2008）が山形県米沢市のケーブルテレビ局であるNCVの契約者に対する調査分析の中でコミュニティチャンネルの効用評価を行い、地域意識の醸成という効果を強調している。こうした単一事業体への事例研究は他にも多く見られるが、概して、先進事例をとりあげる傾向にあり[34]、全体としてのコミュニティチャンネルの評価とはなっていない。

---

31) 規模拡大策の1つとしてケーブルテレビ同士の広域連携があるが、佐野（2004）はその事例を紹介した上で、「大手MSOの一部や、独立系のケーブルテレビ事業者のなかには、出資会社からの出向で、腰掛け的意識しかない経営者も少なくなく、（中略）自己主張や見栄を張るだけといった態度で望んでいたのでは連携は不可能」（p.91）と指摘している。
32) 船津（2006）はケーブルテレビと共にコミュニティFMを「コミュニティ・メディア」としてとりあげ、物的・人的条件が不備であることを指摘した上で住民参加の必要性を提示している。
33) 中海テレビ等一部ケーブルテレビ局は独自に視聴率調査を行っている。
34) 島崎・大谷（2005）は沖縄ケーブルネットワークを、宮本・古川（2008）は兵庫県朝来市ケーブルテレビを調査している。

牛山・姜・川又（2005）は、全国のケーブルテレビ局の自主制作番組の制作動向調査を試み、住民参加とジャーナリズム機能の可能性を検討するとともに、ケーブルテレビの制作スタッフが積極的に地域番組制作に取り組んでいる状況を明らかにしている。しかし、制作者側の意識調査のみで、その取り組みを視聴者がどのように評価しているかまでには踏み込んでいない。また、川島（2008）が、ケーブルテレビ事業者向けと加入者向け調査を別々に実施して、地域メディア機能の再検討を行っているが、加入者向け調査に関してはやはり長野県諏訪市のLCVという1つのケーブルテレビ局だけを対象にしており、同一地域の同質的な視聴者の動向を見るにとどまっている。ちなみに川島は、「ケーブルテレビが生き残っていくための鍵は、地域社会というごく身近な場所に存在するといえよう」（p.184）と結論している。生き残り策を講じるためにも、地域住民にどのように見られているかを、他の映像メディアとも比較しつつ評価する客観的指標が必要なのではないか。

2.3　ケーブルテレビの統合・連携の動き

　複数のケーブルテレビ局を統括して運営する事業者をMSO（Multiple System Operator）という。2014年4月に国内最大手のケーブルテレビMSOであるJ:COMと業界2位のJCNが統合併し、全国シェアが50％超、加入世帯数480万世帯を抱える巨大MSOとなった。統合会社は通信大手のKDDIの連結子会社となり（住友商事と共同運営）、これで放送と通信の融合を体現する大規模なメディア企業が国内でも誕生したことになる。

　統合に先駆け、J:COMとJCNは2013年4月から関東地域で地域密着の情報番組の共同制作をはじめた他、同じく関東地域で2013年夏の高校野球地方大会（西東京と神奈川）の生中継を従来より拡大して放送している。統合効果により、地域コンテンツに対して規模のメリットを生かした人員、設備、資金の投入が行われれば、地域情報機能強化につながる可能性はある。

　他方で、中規模のケーブルテレビ事業者も連携の動きを加速させている。例えば、2011年に運用が始まったCATV番組交流ネットワークは西日本の28局のケーブルテレビ局が加盟し、番組交換や観光番組の共同制作を行っている。各地で「情報ハイウェイ」と呼ばれるような高速大容量回線が整備さ

れていることもあり、番組のアップロードやダウンロードの仕組みが容易に構築できるようになったことが背景にある。今後、フォーマットの共通化やマネタイズの方法が確立されれば、地上波のようにキー局を持たないケーブルテレビの個性を生かした地域番組が発信されていくことが期待される。

＊　　　　　　＊

　これまでみてきたように、一口にケーブルテレビといってもその形態が多様であるがゆえに、ローカルメディアの再構築において、ケーブルテレビをどのように位置づけていくのかの視点を持つのは難しいが、第5章において、多様な事業者の現状の横断的な評価分析を試みることとする。

3　動画共有サービスの可能性

　動画共有（投稿）サービスは、TwitterやFacebookと共にソーシャルメディアとして位置づけられる。誰でも映像での情報発信が可能となったことで、新たなローカルテレビ出現の可能性があるのではないだろうか。

3.1　ユーザーが発信する映像情報

　インターネット上の動画共有サービスであるYouTubeが創設されたのは2005年2月のことである。2006年12月には日本でも「ニコニコ動画（仮）」が実験サービスを開始し、2007年3月にはUstreamがライブ配信に特化する形でスタートした。これらの動画共有サービスに共通するのは、基本のサービス利用は原則無料であることと、ユーザーが作ったコンテンツが中心となって展開されていることだ。

　これまで、映像情報発信は、専門知識や技術、伝送のためのインフラへのアクセス、そしてそれらを支える資金が必要で、一部の「プロフェッショナル」にしかできないことだった。しかし、今や、家庭や街中にブロードバンド回線が張り巡らされ、爆発的に普及しているスマートフォンには簡単に動画を撮影・アップロードできる機能が搭載され、上記のサービスを利用することで、誰でも簡単に映像情報が発信できるようになった。シスコシステムズ（2014）は、全世界のコンシューマ・インターネット・トラフィックに占

めるすべての形式のビデオの総量は、2018年には80％から90％になると予想しており、プロの作る作品を含め、ありとあらゆる大量のビデオコンテンツがインターネット上を流通するだろう。

　さらには、スマートテレビと呼ばれるインターネットと融合した多機能型テレビが今後主流となっていくと予想され、視聴者は、従来のテレビ放送（地上波・衛星・ケーブルテレビ）と、インターネット上の動画を、シームレスに、家庭のテレビから視聴することがあたりまえとなってくるだろう。仮に、誰かが充実した地域情報をUstream等で発信するようになれば、今の地上波テレビと競合するローカルテレビ局として定着する可能性は十分に考えられる。

3.2　自治体の取り組み

　こうした流れの中で、インターネット動画に注目する自治体が増加している。近年、地方自治体にとって、TwitterやFacebookといったソーシャルメディアの活用は重要課題となっており、特に、東日本大震災時に、ソーシャルメディアの「情報源としての力」と「人との繋がりを促進する効果」が実証されたことで、その取り組みが強化されている。経済産業省（2011）によると、広報手段としてTwitterを運用する地方自治体の数は、震災前の2011年3月には121件だったのが、震災直後の同年4月4日には148件になり、その後増加を続けて2014年4月時点では820件となっている[35]。

　ソーシャルメディア活用においては、動画も含めた行政情報の発信が試みられており、『自治体情報化年鑑2008-09』（日経BPガバメントテクノロジー，2008）によると、3割を超える自治体サイトが動画コンテンツを提供している。文字だけでは内容が伝わりにくい行政サービスの案内も、動画と音声で説明することでわかりやすくなる。

　また、情報発信において物理的には地域を限定しないインターネット動画は、放送エリアが電波の届く範囲に限定される地上波や、ケーブル敷設の範囲のみのサービスであるケーブルテレビとは違い、どこからでもアクセスで

---

35) Jガバメント on ツイナビ（http://twinavi.jp/gov）で2014年4月5日に確認。

きるというメリットがある。震災で故郷を離れてばらばらになってしまった地域住民に、インターネット動画を通して、故郷の情報を届けることができるメリットは大きい。

　しかしながら、自治体が提供するコンテンツは大方が、首長の会見、議会中継等で、多くの住民が視聴する魅力的なものとはなっていないのが現状である。この点、コミュニティチャンネルについて指摘したリソース不足や客観的指標の欠如が共通した課題であろう。

　自治体のソーシャルメディアや動画共有サービスへの取り組みについては、第7章においてアンケート結果を元に現状を報告する。

参考文献
池田信夫（2006）『電波利権』新潮新書.
市村元（2003）「テレビの未来——地方局の視点から」『マス・コミュニケーション研究』No. 63, 日本マス・コミュニケーション学会, pp.72-97.
牛山佳菜代・姜英美・川又実（2005）「日本の地域メディアにおける地域情報形成過程に関する考察——CATV自主制作番組制作責任者意識調査を媒介にして」『コミュニケーション科学』第22号, 東京経済大学, pp.211-231.
箙島専・樋口喜昭・吉見憲二・木戸英晶・関野康治・深澤輝彦（2010）「県域放送制度と今後のローカル局の経営課題について」『メディア・コミュニケーション』No. 60, 慶應義塾大学メディア・コミュニケーション研究所, pp.135-153.
株式会社電通（2013）「2012年日本の広告費」（http://www.dentsu.co.jp/books/ad_cost/2012/index.html, 最終確認日2014年4月5日）.
川島安博（2008）『日本のケーブルテレビに求められる「地域メディア」機能の再検討』学文社.
経済産業省（2011）「公共機関向けのTwitterアカウントの認証スキーム構築について」（http://www.meti.go.jp/press/2011/04/20110405004/20110405004.pdf, 最終確認日2014年4月5日）.
小塚荘一郎（2003）「放送事業関連契約の研究——継続的契約としての民放ネットワーク」『研究報告』放送文化基金（http://www.hbf.or.jp/grants/pdf/j%20i/15-ji-koduka.pdf, 最終確認日2009年12月2日）.
榊原浩一（2005）『市民のメディア「コミチャンの正しい食べ方」——君はコミチャンを食べたことがあるか？』サテマガBi.
佐野匡男（2004）「ケーブルテレビの現況と今後の展望——広域連携による競合他社との差別化」『情報研究』第21号, 関西大学, pp.79-92.
シスコシステムズ合同会社（2014）「Cisco Visual Networking Index（VNI）：予測と方法論、

2013〜2018年」（http://www.cisco.com/web/JP/solution/isp/ipngn/literature/white_paper_c11-481360.html，最終確認日2014年4月5日）．

島﨑哲彦・大谷奈緒子（2005）「多メディア状況における人々の情報行動とケーブルテレビ評価」『東洋大学社会学部紀要』第43-2号, 東洋大学, pp.55-75.

島﨑哲彦・大谷奈緒子・川島安博・守弘仁志・四方由美・高橋奈佳・川上孝之（2008）「コミュニケーション・メディアとしての地域メディア」『東洋大学21世紀ヒューマン・インタラクション・リサーチ・センター研究年報』第5号, 東洋大学, pp.55-83.

社団法人日本民間放送連盟編（1997）『放送ハンドブック——文化をになう民放の業務知識』（新版）東洋経済新報社．

社団法人日本民間放送連盟編（2001）『民間放送50年史』日本民間放送連盟．

鈴木健二（2004）『地方テレビ局は生き残れるか——デジタル化で揺らぐ「集中排除原則」』日本評論社．

砂川浩慶（2007）「崇高な理念と利害の狭間」『ぎゃらく』第457号, pp.32-35.

総務省（2003）「放送政策研究会」最終報告．

総務省（2006）「デジタル化の進展と放送政策に関する調査研究会」最終報告．

総務省（2007）『2010年代のケーブルテレビの在り方に関する研究会報告書』．

総務省（2009）「平成21年版 情報通信白書」（http://www.soumu.go.jp/johotsusintokei/whitepaper/ja/h21/html/l4411000.html，最終確認日2014年4月5日）．

総務省（2013）「平成25年版 情報通信白書・ＩＣＴ白書」（http://www.soumu.go.jp/johotsusintokei/whitepaper/ja/h25/index.html，最終確認日2014年4月5日）．

多喜弘次（1991）「情報化実証研究の閉塞：CATV 調査の場合」『新聞学評論』第40号, 日本マス・コミュニケーション学会, pp.82-95.

鳥居吉治（1998）「ケーブルテレビ業界における競争と事業運営に関する研究」『日本社会情報学会学会誌』第10号, 日本社会情報学会, pp.59-73.

西正（1998）『図解放送業界ハンドブック』東洋経済新報社．

日経BP ガバメントテクノロジー編（2008）『自治体情報化年鑑2008-09——全国市区町村の情報化実態』日経BP 社．

林茂樹編著（2001）『日本の地方CATV』中央大学出版部．

舟田正之（2001）「放送産業と経済法——補足的覚書」『立教法学』第59号, 立教大学, pp.205-253.

船津衛（2006）「コミュニティ・メディアの現状と課題」『放送大学研究年報』第24号, 放送大学, pp.25-33.

北海道放送社史編纂委員会（1982）『北海道放送三十年』北海道放送株式会社．

宮本節子・古川典子（2008）「地域アイデンティティの形成に果たすケーブルテレビの役目——市町村合併に伴う『ウチ』意識の変容に着目して」『兵庫県立大学環境人間学部研究報告』第10号, 兵庫県立大学, pp.131-144.

八ツ橋武明・友安弘（2005）「CATV による地域番組の加入効果」『情報研究』第33号, 文教大学, pp.413-426.

武藤清晏他（1990）「シンポジウム　地域メディアの多元的競合とその展望」『新聞学評論』No.39, pp.253-267.

第2章
災害報道からみる地上波テレビの限界と課題

　実践の場で何が起きているかを探る手法の1つがケーススタディ（事例研究）である。ここでは、2009年8月に発生した兵庫県佐用郡佐用町の豪雨被害に際しての筆者自身のテレビ報道体験から、地上波ローカルテレビが地域性を十分に発揮できないボトルネックはどこにあるのかを明らかにする。提示される課題はすべての既存の放送事業者に共通するものであり、事例を通して再確認することは重要である。

1　佐用町豪雨被害の初動報道

1.1　被害の概要

　2009年8月の台風9号による兵庫県西部・北部の豪雨被害は死者20人、行方不明者2人を出した。うち死者2人以外はすべて佐用町に被害が集中している。佐用町台風第9号災害検証委員会[1]（2010）によると、佐用町佐用において時間雨量89mm、24時間雨量326.5mmと町の記録史上最大を記録し、1,700戸以上の家屋損壊、河川・道路・農地・農業用施設等の広範囲かつ大規模な損壊があり、農作物にも甚大な被害をもたらした。

　筆者は、関西広域圏の準キー局である読売テレビ放送にアナウンサーとし

---

[1] 兵庫県佐用町が台風9号災害への町の対応を検証し、今後の防災対策の充実強化を目的に2010年1月に設置した。

て勤務している。読売テレビは日本テレビをキー局とする民放ニュースネットワーク NNN（Nippon News Network）に加盟しており、日本テレビが15.6％、読売新聞グループ本社が10.8％の株式を保有している[2]。放送エリアは、大阪・兵庫・京都・滋賀・奈良・和歌山の二府四県で、佐用町も読売テレビのエリア内である。当時、「ズームイン！！SUPER」（以下、ズームイン）[3]という朝の報道情報番組を担当していた筆者は、この豪雨被害を番組の中で生中継するべく現場に出動した。まず、当日の動きを振り返ってみたい。

1.2　発災からの動き

　2009年8月9日夜からの豪雨を受けて日本テレビ「ズームイン」から翌日の出動要請があり、10日午前2時過ぎに大阪市中央区にある読売テレビ本社をスタッフと共に車で出発した。移動中の車内に前夜から取材に出ていたカメラマンから連絡が入り、道路が寸断されていて被災地までは入れないと伝えてきた。このカメラマンは早朝のニュースに間に合わせるため、取材テープを持って既に大阪に向けて引き返しているところであった。私たちは東京の日本テレビに現場からの中継は無理だと知らせたが、なるべく近くまで行って中継をしてほしいという要請を受けて、佐用町から30km下流の兵庫県たつの市から増水した揖保川（いぼがわ）の様子を番組の中で2度にわたり全国ネットで生中継リポートし、午前8時に「ズームイン」は放送終了した。

　その直後、読売テレビ本社から、国道179号線は通行止めになっておらず現場に通じているので、そのまま転進して被災地に入り、その後の番組でも中継を続けるようにという指示が出た。ただし、この指示を受けたのは、TD（テクニカル・ディレクター）とアナウンサーである私とSNG中継車（衛星報道中継車）のドライバーの3人だけである。その他のディレクター、AD（アシスタント・ディレクター）、カメラマン、カメラアシスタント、

---

[2]『日本民間放送年鑑2008』（社団法人日本民間放送連盟, 2008）から算出。
[3] 日本テレビ系列で平日朝5時20分〜8時に生放送していた情報番組。前身の「ズームイン！！朝！」は1979年3月にスタートしている。2001年10月から番組名を変更した。地域によってローカル差し替えの時間帯があった。

音声、VE（ビデオ・エンジニア）等の中継スタッフは全員大阪に戻ることになった。なぜなら、彼らは全員「ズームイン」という番組と契約をしている、いわゆる「外注」のスタッフであり、その後も別の仕事を抱えていたのである。読売テレビの社員であるTDと私、そしてSNG中継車のドライバーだけが転進組となり、大阪の本社から送られる別隊の中継要員と現地で合流することとなった。

　被災地への唯一のルートであった国道179号線は救援の車等が殺到し、所々がけ崩れも発生して、大渋滞となっていた。佐用町役場まであと2kmというところで、私たちが乗り込んでいたSNG中継車は身動きがとれなくなり、「ズームイン」の次の番組の「スッキリ！！」[4]の午前10時台のニュースコーナーまでに現場にたどり着くことができなかった。そこで筆者は本社にFOMA中継[5]を提案した。阪神大震災以来、読売テレビのアナウンサーには緊急時にどこからでもリポートができるようテレビ電話対応の携帯電話とイヤフォンマイクが配付されていた[6]。私自身はそれまで実際の放送で使ったことはなかったが、研修は受けていた。

　雨の中を国道に降り立ち、ガードレールをまたいで土砂と水が流れ込んで川のようになっているJR姫新線の線路脇を中継ポイントに選んで、携帯電話のカメラで撮影をしながらFOMA中継でのライブリポートを行った。本社が情報をまとめたニュース原稿は、個人所有のiPhoneに送付してもらいタッチ画面を指で送りながら読み上げた。車体・機材含めて総額2億円というSNG中継車が無用の長物となっている傍らで、1人で2台の携帯端末を操って全国ネットの生中継を実行したことに、横で傘を差しかけてくれていたTDが驚嘆していた。

　午前11時前に佐用町中心部に入った。路上に岩が転がり、車が転覆するなど被害は想像をはるかに超えていた。膝近くまで泥が堆積した佐用町役場の駐車場前にSNG中継車を停めて30分後に迫っている「NNNストレイトニ

---

4) 日本テレビ系列で平日午前8時～10時25分に生放送している情報バラエティ番組。2006年4月放送開始。午前10時台にニュースコーナーがある。
5) NTTドコモの携帯電話FOMAのテレビ電話機能を使った生中継システム。
6) 経費削減のため2010年3月末をもって携帯電話配布は廃止された。

ュース」[7]の中継準備に入った。別隊は到着しておらず、先に現地入りしていた駐在カメラマン[8]と私たち3人という、通常の半数の人員で生中継をしなくてはならなかった。衛星回線の確保、本社との無線連絡といった技術的コーディネート業務、カメラ・音声機材・ケーブル等の運び出しとセッティングと、生放送を行うための準備作業は数多い。これらを泥に足をとられながら限られた人数で放送時間に間に合うように行わなければならない。もちろん、現場取材・情報収集をして伝えるべき内容をまとめ、それをカメラワークと共に、割り当てられたリポート時間内におさまるように構成もしなくてはならない。綱渡りでなんとか放送にこぎつけたが、この豪雨被害の初動報道の流れにおいて、地上波民間テレビ局が地域メディアとして機能することを妨げる事象が様々あった。

2　災害報道の抱える問題点

　災害報道では、「誰のための放送か」が常に問題になる。限られた時間の中で、救援を得るため全国に向けて被害状況を伝えるのか、被災者のために避難所やライフライン情報を伝えるのか、取捨選択をしなければならない。ただ、こと第一報に関しては、とにかく「現場」の映像を一刻も早く出すことが優先されるであろう。そのためには初動が重要になるが、今回の経験では、初動を鈍らせるいくつかの問題点に直面した。

　第一に、細分化された指揮系統の問題である。私たちの中継出動は、最初は東京・日本テレビ「ズームイン」からの要請、以降は読売テレビ報道局の指示であった。番組ありきの放送であるため、現地からのレポートを入れるか入れないかは番組ごとの判断になり、番組ごとに指揮系統ができることになる。もし前夜に取材カメラを出す時点で、中継出動の判断を読売テレビが

---

7) NNN加盟局で放送されている昼のニュース。
8) 関西広域局である読売テレビの場合、数人の記者とカメラマンを置く神戸支局と京都支局の他に、大阪から距離のある放送エリア内の8カ所（兵庫県姫路・兵庫県豊岡・滋賀県・京都府舞鶴・奈良県・和歌山県・和歌山県南紀・関西国際空港）にそれぞれ1名ずつ駐在カメラマンを配置している。

していれば、いち早く現地入りできたかもしれない。しかし、読売テレビとして独自で判断できる中継枠は、発災翌日昼前の「ストレイトニュース」のローカル枠までなく、結果的に本隊の出動が遅れることとなった。

　第二に、「外注」スタッフの問題である。前述したとおり、番組ごとの契約になっているので有事の際の弾力的な運用が難しい。今回のケースでも「ズームイン」のスタッフがそのまま佐用町に転進していれば現場での人員は確保できたであろう。

　第三に、放送エリアの広さも常につきまとう課題である。兵庫県佐用町は岡山県に隣接、読売テレビの放送エリアの西の端で、大阪からは実に110kmも離れた山の中にある。普段、兵庫県西部を担当しているのは駐在カメラマンが一人だけである。どこで何が起こるかわからない災害に対して迅速に対応できる体制にはそもそもなっていない。

　第四に、通信技術と放送技術の違いも指摘される。手のひらサイズでたった一人でも扱える携帯電話を使ったレポートに比べ、積み下ろしからセッティングまで多くの人手や専門知識を必要とするテレビ中継の「重さ」。画質・音質の違いは今のところ比較にもならないが、一刻も早く現地からの映像を出すという意味では前者に分がある。早晩、技術の進化で画質・音質の問題はクリアされるであろうが、現時点で放送記者たちの通信技術への理解は高いとはいえない。

　以上のことから、読売テレビが災害発生時にその地域に必要な報道を行うという、いわば最適化された組織構造になっていないことがわかる。このような組織構造は、ネットワークに加入しているほとんどのローカルテレビ局に共通している。放送法改正の議論の過程では、ハードとソフトの分離をすると災害報道に支障をきたすという主張が地上放送事業者から多く出されたが、現状においてすら必ずしも円滑に災害報道がなされる仕組みにはなっていない。

　筆者はかつて阪神淡路大震災当日の高速道路倒壊現場[9]で忸怩たる思いを

---

9) 神戸市東灘区の阪神高速道路3号神戸線が635mにわたって倒壊した。報道ヘリコプターが映し出すその映像は甚大な被害が起きていることを伝えた。

味わった。連絡網を絶たれた被災者から「父親が埋まっているからレスキューにくるようテレビで放送して」と言われ、早速、放送枠をもらえるよう大阪の本社に連絡をとった。本社は特番を取り仕切っている東京キー局に打診する。しばらくの後、返ってきた返事は「放送枠が取れない」であった。大量に集まってくる情報の洪水からの混乱は想像できるが、どういう基準でどのような判断がなされたのであろうか。

3　地域性へのボトルネック

　ローカルテレビ局が地域性を十分に発揮できないボトルネックとして、次の3点が挙げられる。まず、東京キー局を頭とするネットワーク体制である。ローカル制作枠以外の放送番組では、東京のキー局が編集権をもっている。ニュースとして何をとりあげるかは最終的にはキー局の判断であり、キー局は全国から上がってくる情報の中から価値を比較考量して選択、決定することになる。その場合、全国の視聴者もしくは関東の視聴者を主軸に価値判断をしがちである[10]。もとより、地方分権の議論の中でもしばしば聞かれるように、「東京」が土地勘や文化的背景の知識もない地域についてのきめ細やかなニーズを汲み取れるはずもなく、情報が真に災害発生地やその周辺が欲しているものとミスマッチとなることは当然といえる。

　次に、番組ありき、放送枠ありきの仕事の仕方も弊害となっている。テレビ局はあらかじめ決められた番組表に従って時間軸で放送されていく。よほどの大災害で緊急報道特番とならない限りはこの編成は守られる。このため意思決定の方向は、「伝えなければならない情報がある」から「放送枠を取る」ではなく、「放送枠がある」から「どの情報を伝えるか決める」ということになる。今回の事例でも、番組ごとにニュースに充てる時間は決まっていて、現場ではその枠の中で作業をしていた。つまり、事業者側の都合で情報発信をしているのであって、受け手側の都合を考慮したものではない。随

10）例えば、東京で大雪が降った時に全国ネット番組の多くの時間を割いて東京の様子を報じることがしばしばみられる。

時情報の更新が可能なインターネットと比べると、通行止め、崖崩れ、レスキューなど一刻を争う情報を伝えるのに、地上波テレビは最適なメディアとなっていない。本来の即時性・同報性という電波の優位性を企業組織や産業構造が阻んでいるといえる。

前述の放送エリアの広さもボトルネックといえる。特に関西のような広域圏では、目が届かない地域を多くエリア内に抱えてしまう。また県域の局でも面積の広さや、山間部、島しょ部など、地形的な制約から中継チームを迅速に現地に派遣することができない場所がある。実際のアクセスのしやすさとは全く関係のない行政区域で放送免許を区切っていることにも問題があろう。

災害・緊急時の報道は地上波放送が果たすべき公共の使命というならば[11]、こうしたボトルネックの一つひとつの見直しが必要ではないだろうか。もちろん産業構造全体の改革を必要とするこのような見直しは一朝一夕には進まない。しかし、それに着手することなくこれまでどおりの環境に甘んじる態度は、技術的環境、経営的環境からみて許されない。

4　災害時の地域メディア連携

地域メディア連携は、その改革工程においても実施できることがある。災害時においては、現地の地域メディア——ケーブルテレビ、コミュニティラジオ、地域ウェブサイト、デジタルサイネージ（電子掲示板）——等との連携は効果的であろう。吉岡（2009）は地域メディアの活用にあたっては、「新聞・雑誌、ラジオ・テレビ放送、CATV、インターネットなど、それぞれのメディアの活動を連動させ、地域で複合的・統合的に活用していく必要がある」（p.6）と述べている。地上デジタル放送のデータ放送を災害情報配信に利活用しようという試みもあるが（磯野, 2007）、技術的な課題も多く実用にはまだ時間がかかる[12]。災害等の緊急性を要するものについては、現

---

11) ハード（伝送路）とソフト（番組制作）の分離について、一貫して反対している日本民間放送連盟は、災害時の迅速・確実な放送をその理由として挙げている（社団法人日本民間放送連盟, 2006）。

在すでに稼働している他メディアとの連携を図る方が優先度が高いと思われる。自治体のソーシャルメディアへの取り組みは第1章で触れたが、民間のメディアが積極的に連携を具体化していくことも効果が高い。

筆者が、佐用町に向かう渋滞の国道から、インターネットやケーブルテレビ向けに FOMA 中継を続けることはできた。土砂崩れで片側通行になっている箇所や、岩が路上に転がって通行が困難になっているところなど、リアルタイムで伝え、GPS とも連携させれば、迅速な救援に役立つ情報を発信できたかもしれない。またそこに住民自身を参加させるような仕組みを作れば、より網羅的な情報展開が可能となる[13]。

津田（2011）は、東日本大震災時に、発災当日から NHK、フジテレビ、TBS が地上波の報道をそのまま Ustream やニコニコ生放送にサイマル放送したことに関し、「テレビは見られないが、電源は来ており、ネットも使える」という地域において有効だったと記している。また、地上波の放送とは別に NHK、TBS、フジテレビ、テレビ朝日が避難所で撮影した映像素材を YouTube などに提供したことが、連絡のとりづらい避難所の貴重な安否情報となったことも指摘している。

湧口（2002）は伝送路が多様化する中で、地上波だけを「基幹メディア」と位置づけることの不合理を説き、伝送路にではなく個別コンテンツに対して「公共性」を吟味していくことが時代の要請だとしている。地上波民間テレビ事業が今後も公共の使命を果たす覚悟なら、放送と通信の融合がもたらしたポテンシャルをどのように生かすのか、具体化していく時期はとっくにきているはずである。

他メディアだけでなく、地域の競合他社との連携も災害時には視野に入れるべきだ。30年以内に60％から70％の確立で起こるとされる南海トラフ地震

---

[12] 日本テレビはデータ放送の技術を応用した「JoinTV」というテレビ画面における放送通信融合型のソーシャル視聴サービスを災害・高齢者対策に活用する実験を行っている。例えば、災害発生時にテレビ画面上で一人ひとりの最も適した避難指示を表示すること等が可能となる。

[13] 例えば、Ustream はパソコンや iPhone からライブ動画配信が無料で簡単に行えるウェブ・サービスであり、このような仕組みを利用すれば視聴者からの映像提供等が広がりをみせる可能性が大いにある。

の予測を受け、関西の地上波ローカルテレビ局では、大きな被害が予想される和歌山県南部の映像取材拠点設置を急いでいる。各局とも、少しでも他局に先んじようと、現地調査を続けているが、急峻な山も多く、地形的にマイクロ波の伝送が困難であったり、アクセス道路が十分に整備されていなかったり、時間的にも、経費的にも、一事業者が単独で取り組むのには限界がある。競争があることで、技術革新が進み、記者のモチベーションもあがり、より良い報道につながってきたことは否定しないが、広域に及ぶ大規模災害においては、他系列の競合局とも協力することが現実的でもあり、被災者のためになるのではないだろうか。

　東日本大震災の報道では、日本の各地の放送局から多くの記者やカメラマン、編集マンが応援のためローテーションで東北各県のテレビ局に入った。しかし、すべて同じネットワーク系列内で行われており、ネットワークの枠を超えた連携はみられなかった。このため、結局、系列ごとに各々放送エリア全域をカバーすることになり、同じ現場に複数の系列が重複して報道に入る一方、全くカメラが入らない現場があるという、偏った報道が見られた。「目立った」事象がある現場ばかりに複数の局のテレビカメラが集中してしまうという問題は、阪神淡路大震災の時にも既に指摘されていたことである。仮に、県内のローカル局が、県内の被災地を分担して報道にあたることができれば、密度の濃い情報を伝えることができるし、被災者は自分の地域について報道するチャンネルにあわせて効率的に情報を得ることができる。少なくとも、発災当初はこうした分担を行い、後に、分担して取材にあたった映像は全局で共有するようにすればよい。「放送の公共性」が最も発揮されるべき大規模災害時においては、人々の命を救うこと、被災者に役立つ情報を伝えることがすべてであり、「スクープ映像」や「視聴率競争」とは異なる次元で考える必要がある。

5　価値判断のパラダイムシフト

　何を取材し、それをどう編集し、いつのタイミングで、どのくらいのウエイトで伝えるのか。これらを決めるのが従来のメディアの仕事であり、情報

発信において「プロ」としての価値判断を行ってきた。しかし、テクノロジーの進展とともに、この価値判断のパラダイムシフトが起こっている。

例えば、注目度の高い記者会見が行われる際、地上波テレビ局はカメラを出して撮影し、場合によっては生中継することもあるが、放送時間の都合で途中で打ち切られることがほとんどで、すべてを流すことはない。通常は、テレビ局側が「重要だ」と判断したところを選択して、短く編集して放送する。

これに対し、新しく登場した動画共有サイトは、会見のはじめから終わりまですべてを放送する。2010年10月にサービスが始まったニコニコ動画のニュースサイト「ニコニコニュース」は、東京電力や中央官庁の記者会見をはじめ、様々な会見を現地から生中継しているが、運営上の「ポリシー宣言」の中に、「ニコニコニュースは、中継、会見などの生放送では、一切編集を行わず、全てをありのままに伝え、全ての情報をネットユーザーの皆さんと共有します」と方針を示している。つまり、視聴者に一次情報に触れる機会を与え、「何が重要か」を送り手側が決めるのではなく、受け手側に価値判断させるメディアが登場してきたのだ。

放送時間の制約、「視聴率が取れるか」という経営上の要請を別にしても、従来メディアは、一次情報を視聴者に提供することに抵抗感を示すことが少なくない。一つには、生放送の画面で突発的に不測の事態（猥褻な映像等）が起きた場合、それがそのまま公共の電波で流れてしまうことは許されないという点がある。しかし、これは米国のメディアが近年導入している「映像を数秒送らせて生放送するシステム」（遅延送出システム）を採用すれば対応可能であろう。

もう一つ、「プロ」が視聴者に提供することを逡巡するのは、「何が起こっているかわからない映像」である。自分たちで咀嚼して、きちんと説明がつき、その映像が視聴者にもたらす反応まである程度予測できた段階で放送したいという考え方が、従来メディアにおいては支配的である。

この考えが如実に現れたのが、東日本大震災の福島第一原発の水素爆発事故の報道である。以下にこの映像を捉えたテレビ局の当時の動きを振り返る[14]。

福島第一原発の最初の爆発である一号機の水素爆発は、震災翌日の2011年3月12日午後3時36分に起きた。この映像を唯一捉えていたのが、福島中央テレビの情報カメラである。NHKはじめ他のメディアの情報カメラが津波ですべて流されてしまったのに対し、このカメラは原発から17km離れた山の中に設置してあったので難を逃れたのだ。後に、これが世界ではじめての原発爆発の瞬間映像であることがわかるわけだが、その時は、まだ「白い煙が出ている」ということしかわからなかった。福島中央テレビは、爆発から4分後の午後3時40分に県内のローカル放送でこの映像を流し、煙が出ていることを伝えた。それと同時に、キー局の東京の日本テレビに連絡をして、映像も送った。しかし、日本テレビでは、ただちにこれを全国ネットで放送するという判断をしなかった。結局、全国に向けて爆発映像が放送されたのは午後4時49分、煙が確認されてから1時間13分後である。

　福島中央テレビは、何の煙なのかわからないが、とにかく県民のために今起こっていることを伝えようと考え、放送に踏み切った。他方、日本テレビは、まず何の煙なのかきちんと説明できるようになってから放送をするという判断で、これは、「映像を見た国民がパニックを起こしてしまったら取り返しがつかないから」という配慮に基づいている。どちらの判断が正しいかを議論するのがここでの主旨ではない。論点は、どちらのケースも、映像の価値判断を局側が有しているということだ。

　価値判断のパラダイムシフトの観点からは、原発の映像を24時間捉えている情報カメラがあるのならば、何かが起こる前から、インターネットでそれを常時提供するという措置もあっただろう。パニックが起こるという事態は避けるべきなのは当然だが、仮に、映像がインターネットで提供されていれば、国内外のあらゆる人が見ることができるので、白い煙が上がったときに、関係者や専門家の「知恵」がいち早く集まってきた可能性もある。水島（2012）は、「爆発映像」は公共性が高く、福島中央テレビと日本テレビは著作権・独占使用権を放棄して他メディアに無償で提供すれば、「国内だけで

14）福島中央テレビ制作の報道特別番組「原発水素爆発、わたしたちはどう伝えたか」（2011年9月10日、同年12月30日、2012年3月9日にシリーズで3回放送）等を参考にしている。

なく海外を含めた多くの専門家による映像の解析が可能になる」と主張している。

　ちなみに、日本テレビが爆発映像を全国放送した後、午後5時23分にNHKがようやく「重大事故発生の可能性」との第一報を映像なしで伝えている。おそらくは、爆発事象が起こっていることを日本テレビの報道で知ったのだろう。そして、午後5時46分に官房長官が記者会見で、「福島第一原発において爆発的事象があった」と報告、午後6時25分になって、政府が原発周辺の避難範囲を半径10km以内から半径20km以内まで広げるよう指示している。実に、発生から3時間近くが経過していた。緊急時にこのような情報伝達の流れでいいのか、議論する必要があるだろう。

　ところで、報道に際しての映像素材においても、「プロ」から「一般の人」へのシフトが起きている。ここ最近、火事や爆発等の事件・事故が起きた場合、現場でその映像をビデオカメラやスマートフォンで撮影していた人を探すのが記者の重要な仕事になっている。YouTube等にアップロードされている一般の人の投稿映像をそのままニュース報道に使うことも多い。鳥取県米子市にあるケーブルテレビ局の中海テレビでは、朝の生放送番組でスマートフォンやタブレットのテレビ電話機能を使って、一般の人に中継出演をしてもらっている。そしてそうした協力者を災害時に中継できる場所・人としてリストアップし、定期的に地域懇談会等を開いて日頃からのつながりを深めている。平時より情報機器を継続的に操作する機会を一般の人たちにもってもらうことは、いざという時に役立つだろう。

　取材から放送まで、すべてを「プロ」が担ってきた時代は終わり、メディア以外の企業や団体、自治体、一般の人といった、地域のあらゆるリソースを総合的にコーディネイトして、多様な手段で情報を集め、発信することが、災害時の報道に求められている。

参考文献

磯野正典（2007）「地上デジタル・データ放送による災害情報配信実験の検証」『メディアと文化』第3号, 名古屋大学大学院国際言語文化研究科, pp. 11-21.
佐用町台風第9号災害検証委員会（2010）「台風第9号災害検証報告書」（http://www.

town.sayo.lg.jp/cms-sypher/open_imgs/info/0000002342.pdf,最終確認日2014年4月5日).

社団法人日本民間放送連盟(2006)「『通信・放送の在り方に関する懇談会』提出資料」(「通信・放送の在り方に関する懇談会」提出参考資料, 2006年3月22日).

社団法人日本民間放送連盟(2008)『日本民間放送年鑑2008』コーケン出版.

津田大介(2011)「ソーシャルメディアは東北を再生可能か――ローカルコミュニティの自立と復興」『思想地図β』Vol. 2, 合同会社コンテクチュアズ, pp. 52-73.

水島宏明(2012)「メディア・リポート 放送福島第一原発の爆発映像"公共財"として社会で共有を」『Journalism』No.266, 朝日新聞社ジャーナリスト学校, pp. 52-55.

湧口清隆(2002)「無線系テレビ放送の『公共性』」『メディア・コミュニケーション』No.52, 慶應義塾大学メディア・コミュニケーション研究所, pp. 129-139.

吉岡至(2009)「メディアによる地域おこしの方向性」『アウラ』第196号, フジテレビ編成局知財情報センター調査部, pp. 2-6.

第3章
放送の経済分析：展望

　時代にあった経営戦略や制度設計のための第一歩は、多角的視野による現状把握であろう。本書は民間の活力によるローカルテレビ再構築の行方を議論することを目的としているので、ここでは、放送産業を扱った、主に経済学的視点からの先行研究を展望する。

1　経済学的アプローチの有用性

　従来、文化政策、メディア論やジャーナリズム論の視点から議論されることの多かった「放送」についての経済学的見地からの研究は、国内では1990年代になって散見されはじめた。Takeuchi（1993）はローカル局が番組供給面においても収入面においても大きくネットワークに依存していることを示し、多局化が進行するとネットワークの影響力が強まると指摘した。三藤（1995）は、1975年から1990年にかけてのローカル局の新設は当時の右肩上がりの経済環境のもとでは広告市場の拡大を生み出し、これがキー局とローカル局双方にとって Win-Win の効果をもたらしたと論じた。これらの論考はネットワーク形成の合理性を是認するものである。

　その後、デジタル技術革新がもたらしたメディアの多様化という新しい環境は、いっそうの経済学からのアプローチを呼び起こすこととなる。1998年に旧郵政省の「地上デジタル放送懇談会」の最終報告で地上波放送の完全デジタル化の方針が正式に固まってからは、ローカル局の地上デジタルテレビ

放送投資（以下、地デジ投資）負担や、衛星放送、ケーブルテレビ、インターネットなどの他メディアとの競合から、それまで規制により保護産業として寡占状態のまま安定的に成長してきた地上波民間テレビの経営不安が、いっきにクローズアップされた。それと同時に事業者の再編も現実味を帯びた問題となり、これの解明にはより具体的な経済分析が必要とされた。

菅谷・中村（2000）は、上記のような新しい環境では放送という映像サービスが「一般の経済サービス」と同じものに近づきつつあると捉えた上で、放送メディア市場の体系的整理を試みている。以来、放送産業の費用構造や規模の経済性に着目した実証分析が盛んに取り組まれるようになった。ここでは大きく2つの論点に分けて、先行研究をサーベイする。第一の論点はネットワーク参加による影響（ネットワークの経済性）、第二は事業拡大の論拠となる規模の経済性についてである。

2　ネットワークの経済性

安田（2001）は1982-1999年度のローカル局を対象に、年間経常利益を被説明変数、年間売上高、前年度経常利益、ネットワーク平均依存率（キー局や準キー局から番組提供を受けている比率）等を説明変数として回帰分析を行った。その結果、ネットワーク平均依存率が高いほど経常利益が多いことを明らかにした。

Kasuga and Shishikura（2006）は地上波民放局の利潤及び収入に影響を与えている要因について推定を試み、自社制作比率は収入に正に有意であるが、利潤には負の影響を与えるとの結果を得た。自社で制作すれば収入は増えるが、コストはそれ以上に増加し利潤は結果的に低下することについて、現行の放送エリア区分に一因があるとし、地域的な市場環境条件を均等化するように地域区分の再編成を行えば、放送局の収入・利潤格差を均等化できる可能性があると結論している。

浅井（2008）は分析手法にネットワークDEA（Data Envelopment Analysis：包絡分析法）を採用し、放送局経営を番組制作部門と送信部門とに分けられる垂直構造として全体及び部門ごとの技術効率性を計測した。全

体のアウトプット（生産物）としては放送収入を選定し、番組制作部門の効率性について、キー局から番組の供給を多く受ける小規模なローカル局の方が自社制作番組比率の高い大規模局よりも効率性が高い傾向にあることを示している。加えて、対象となった７局において送信部門よりも番組制作部門の方が効率性の差異が大きいことも挙げている。

図表３-１にこれらの先行研究をまとめたが、いずれも、ネットワーク参加が収益に正の影響があることを示唆している。ネットワークに参加してキー局からより多くの番組供給を受けた方が、自社の資源を投入して番組制作するよりも経営的にはプラスとなるというもので、これは先に紹介した90年代の論考と一致している。

3　規模の経済性

次に、規模の経済性についてみた論考としては、トランスログ型費用関数を用いて規模の経済性を測定した植田・三友の一連の分析がある。植田・三友（2003）は地上デジタルのデータ放送を地方行政サービスに利用する可能性を検討する中で、テレビ事業収入をアウトプット、人件費・資本費・物件費をインプットとして、ネットワーク加盟ローカル局の費用関数の推定を行い、放送産業の規模の経済性の存在を確認すると同時に、労働と資本、資本と物件費は代替的関係、労働と物件費は補完的関係にあることを示した。このためデジタル投資で急激な資本の投入量を必要とする局は、労働、物件費を節約する必要があるとした。

植田・高橋・三友（2004）は同様の手法で、アウトプットとしてテレビ事業収入の他に、エリア人口とエリア面積をそれぞれ被説明変数として分析を行い、やはりすべての変数について規模の経済性を確認した。さらに、地域ブロック単位で推定を行い、北海道・東北・北陸・中国・四国・九州で規模の経済性が存在し、地上デジタル放送に対応した集中した投資が必要とされる状況下では、労働と物件費の節減のために地方局の統合を図ることは有効な手段であると主張した。同じくトランスログ型費用関数を用いたAsai（2004）は放送事業収入を被説明変数として計測を行い、規模の経済性が存

図表3-1　ネットワーク（系列化）の経済性に関する先行研究

	論文	被説明変数／生産物	説明変数／投入要素	分析対象
Takeuchi, N. (1993)	Regional Character and Network in the Broadcasting Industry	本社収入／支社収入／キー局収入	世帯数、県民所得	JNN加盟ローカル局
三藤利雄 (1995)	多局化とテレビ放送収入	当該地域の全テレビ営業収入	県民総生産と前年度営業収入	1975-1990年ローカル局設置地域
安田拡 (2001)	放送事業のアンバンドリング――規制と競争の視点から	年間経常利益	年間売上高、前年度経常利益or名目GDP、ネットワーク平均依存率	1982-1999年度のネットワーク加盟ローカル局
Kasuga, N. and M. Shishikura (2006)	Determinants of Profit in the Broadcasting Industry: Evidence from Japanese Micro Data	営業収入と営業利益	市場シェアの代理変数としての年間視聴率、視聴率を用いて計算した市場集中度の代理変数であるハーフィンダール指数、資産、1局当たり世帯数、1世帯当たり所得、エリア内局数、自社制作率、エリア内局数ダミー、など	1998-2000年度の独立U局を除く地上波放送局
浅井澄子 (2008)	地上放送局の効率性の計測――ネットワークDEAの適用	Y1（放送番組販売）、Y2（番組制作費用）	L1（制作部門従業員数）、M1（著作権料・出演料・その他番組制作への投入費用）、K1（本社設備）	7局（札幌テレビ、チューリップテレビ、北日本放送、北陸放送、中部日本放送、朝日放送、RKB毎日放送）、2002—2006年
		Y3（放送収入）	L2（送信部門従業員数）、M2（番組購入費）、K2（送信設備）	

出所：筆者作成

図表3-1 つづき

	結果	分析手法	インプリケーション
Takeuchi, N. (1993)	支社収入とキー局収入の合計額は世帯数や県民所得と正の相関がある。各県域の放送局収入合計と局数は負の相関。	回帰分析	1社当たりの収入の減額をキー局が援助。番組供給面においても収入面においてもローカル局はキー局に大きく依存している。多局化が進むとネットワークの影響力が強まる。
三藤利雄 (1995)	営業収入は過去の収入実績に依存する傾向が強く、新局開設で地域全体の局の営業収入は20億円程度拡大する。	回帰分析	キー局が新局に対して相応の援助を行うこと、経済が右肩上がりの期間だったので広告市場が拡大したこと、などが影響か。
安田拡 (2000)	ネットワーク平均依存率が高いほど経常利益が多い。前年度の経常利益とも正の関係。	OLS	キー局から番組供給受ける方が経常利益高い。背景にネット保障金の影響を指摘。
Kasuga, N. and M. Shishi-kura (2006)	市場シェアは利潤と相関関係が見られるが市場集中度は無相関。1局当たり世帯数や1世帯当たり所得といった地域特性を示す変数は正に有意。自社制作率は収入とは正だが、利潤とは負の相関関係。	OLS	自社制作すると収入は増えるがコストも増えるので利潤は下がる。地域特性は制度的(外生的)に規制されている環境変数。制度的制約再編の余地を指摘。1世帯当たり世帯数や1世帯当たり所得が正なので事業統合で利潤増大の可能性。
浅井澄子 (2008)	在京キー局に番組を大きく依存する小規模なローカル局3局の方が大規模局よりも効率的。番組制作部門の効率性の分散は、送信部門の分散よりも大きい。	ネットワークDEA、SBM、入力指向、規模の収穫可変	キー局から番組供給受ける方が経営効率は高い。

図表3-2 規模の経済性に関する先行研究

	論文	生産物	投入要素	分析対象
植田康孝・三友仁志(2003)	地上デジタル放送を活用した行政サービスの可能性	テレビ事業収入	L(人件費/期末従業員数)、K(資本費/期首有形固定資産残高)、物件費(労働と資本に関わる費用以外)	有価証券報告書を提出している放送局のうち、東京キー局と独立UHF局を除く41局に関する1997-2001年度のプールデータ。
植田康孝・高橋秀樹・三友仁志(2004)	放送事業における規模の経済性の検証	①テレビ事業収入 ②エリア人口 ③エリア面積	L(人件費/期末従業員数)、K(資本費/期首有形固定資産残高)、M(営業費用/<テレビ関連売上/総売上>)	有価証券報告書提出の37-39局に関する1997-2000年度の4年分のプールデータ。費用構造の違う東京キー局5局と独立U局13局を除いた109局からサンプリング。
Asai, S.(2004)	Scale Economies and Optimal Size in the Japanese Broadcasting Market	放送事業収入	L(期末従業員数)、K(固定資産ただし土地建物除く)、M(放送事業費)	財務省に財務諸表を提出している20のローカル局を対象。1997-2002年。キー局は収益構造が異なっているので除外。内3局は関西か中京。
Asai, S.(2005)	Efficiency and Productivity in the Japanese Broadcasting Market	放送事業収入	L(期末従業員数)、K(固定資産ただし土地建物除く)、M(放送事業費)	財務諸表提出30局、1997-2002年

出所:筆者作成

在することと事業者のほとんどが最適より小さい規模で運営していることを確認している。また、放送事業収入をアウトプットにDEAを用いたAsai(2005)は30の大小の地上波放送局の経営効率性を分析し、小規模の地方局は大規模局に比べ効率性が低く、また小規模地方局の中でも地方自治体が主要株主となっている局の方がその他の民間局よりも効率性が低いことを示した。

図表3-2 つづき

	結果	分析手法	インプリケーション
植田康孝・三友仁志(2003)	**規模の経済性**あり。労働と資本、資本と物件費は代替的関係、労働と物件費は補完的関係にある。	トランスログ型費用関数	デジタル投資で急激な資本の投入量を必要とする局は、労働価格、物件費を節約する必要があり、運営費用が節約できる地域情報センターは有用である。
植田康孝・高橋秀樹・三友仁志(2004)	3つのアウトプットで**規模の経済性**あり。ブロック単位(北海道・東北・北陸・中国・四国・九州)でも**規模の経済性**あり。労働と資本、資本と物件費は代替的関係。労働と物件費は補完的関係。	トランスログ型費用関数	デジタル投資で資本の投入が必要となると、労働と物件費の節約で効率的生産活動を実現できる可能性。マス排緩和、セントラルキャスティング、等の放送局の統合を理論面から支持。
Asai, S.(2004)	**規模の経済性は存在する**。ほとんどの事業者が最適規模より小さなところで生産を行っている。人件費の増大が番組調達について自社制作よりも外部(キー局など)からの調達を引き起こしている。	トランスログ型費用関数	総務省の期待するローカリズムの要件を満たしていないが、経済的効率性からだけすれば地方局の合併は有効である。
Asai, S.(2005)	**大規模局(5局)の方が効率が良い**。小規模局では自治体出資の局の方が効率が悪い。	DEA、BCC、出力指向、規模の収穫可変、マルムクイスト指数	小規模局は効率的に運営できていない。

　地方局に規模の経済性が存在することは、地方局の事業規模拡大や統合の論拠となり、マスメディア集中排除原則緩和政策の妥当性と県域免許の見直しの必要性につながる。この他、木村(2007)は地方局の経営統合は固定費の削減や変動費化をもたらし損益分岐点が下がること、とりわけ地方局同士で東京支社や大阪支社部門を統合することが最も大きく収益改善が見込めるとしている。また、前出のKasuga and Shishikura(2006)の分析では、地上波民放局の利潤及び収入に影響を与えている要因について、市場シェア

（年間視聴率）は利潤に統計的に有意な影響を与えるが、他方で市場集中度（ハーフィンダール指数）は有意な影響を与えず、1局当たり世帯数や1世帯当たり所得といった地域特性を表す変数は正に有意であるという結果を得ている。地域特性という外生的に規制されている環境変数の影響が大きいのは制度的制約再編の余地を示すもので、特に1局当たり世帯数が多い方が利潤が増加するとされたことは事業統合による利潤拡大の可能性を示しているといえる。図表3-2に規模の経済性に関する先行研究をまとめている。

4　今後の研究の展望

　以上のことから窺えるように、近年の経済学的分析からは、地域民間テレビ局はネットワーク（キー局）に依存することで利潤をあげてきたこと、さらに経営効率をあげるためには統合して放送エリアを拡大することが有効であることを結論としているものが多くみられる。

　しかし当然のことながら放送産業に関する問題は、経営面にのみ着目して論ずることはできず、放送文化論、ジャーナリズム論、メディア論、情報社会学など、多岐にわたる研究分野を包含するものである。音（1994）は日本の放送産業が構造変化を迎えていると問題提起し、放送産業分析の視点から整理している。その中で今後、経済・経営面の分析がクローズアップされていくことを不可避としながら、その点が強調されればされるほど、これまで以上に放送の文化的社会的使命を保護育成しなければならないと主張している。美ノ谷（1998）も放送産業組織論という視点を示す中で、経営の合理化による「ジャーナリズム機能の低下」や地域での「情報共有の希薄化」、「情報格差の拡大」などを懸念材料として挙げている。放送の社会的機能を重視する立場からは、放送事業は言論機関であると位置づけての議論となる。放送産業が大きな構造変化の時期を迎えている今日、経済・経営分析と文化・社会的側面を統合する視点からの分析が求められているといえよう。

　ところで、ケーブルテレビにおいても、事業としての収益性という経営面と、地域密着サービスという社会的役割の両立が課題となっている。類似サービスを提供する他の放送や通信事業者との競争の中、地域密着サービスは

地域に根ざすケーブルテレビ事業者の強みであるが、行政サービスの一環として運営されているような小規模事業者も多く、コミュニティチャンネルの番組制作に問題を抱えている。また都市部では大資本が合併により規模の拡大を追求しており、地域性の発揮には疑念ももたれるところである。こうした多様性をもつケーブルテレビの現状を把握することが不可欠となっており、特に地域メディアとしてどのように機能しているかを客観的に検証する必要がある。2010年改正放送法においては、有線テレビジョン放送法を含む放送関連4法が統合され、ケーブルテレビは地上波放送と共にコンテンツレイヤーと位置づけられることとなり、地域放送事業として重要な役割を担うことが期待される。なお、ケーブルテレビに関する経済学的見地からの先行研究については第5章に記述する。

参考文献

浅井澄子（2008）「地上放送局の効率性の計測──ネットワーク DEA の適用」情報通信学会第25回学会大会個人発表.
植田康孝・三友仁志（2003）「地上デジタル放送を活用した行政サービスの可能性」『日本社会情報学会学会誌』第15巻第2号, 日本社会情報学会, pp.53-64.
植田康孝・高橋秀樹・三友仁志（2004）「放送事業における規模の経済性の検証」『情報通信学会誌』Vol. 21, No. 2, 情報通信学会, pp.46-52.
音好宏（1994）「日本における放送産業の構造変化とその課題──放送産業分析のための基礎ノートとして」『マス・コミュニケーション研究』No. 45, 日本マス・コミュニケーション学会, pp.85-98.
木村幹夫（2007）「放送持株会社制度導入による民放所有規制緩和の効果」『公益事業研究』第59巻第3号, 公益事業学会, pp.11-21.
菅谷実・中村清編著（2000）『放送メディアの経済学』中央経済社.
三藤利雄（1995）「多局化とテレビ放送収入」『マス・コミュニケーション研究』No. 46, 日本マス・コミュニケーション学会, pp.113-127.
美ノ谷和成（1998）『放送メディアの送り手研究』学文社.
安田拡（2001）「放送事業のアンバンドリング──規制と競争の視点から」大阪大学博士論文.
Asai, Sumiko（2004）"Scale economies and optimal size in the Japanese broadcasting market," *Otsuma Journal of Social Information Studies*, No.13, pp.1-8.
Asai, Sumiko（2005）"Efficiency and productivity in the Japanese broadcasting market," *Keio Communication Review*, No.27, pp.89-98.

Kasuga, Norihiro and Manabu Shishikura (2006) "Determinants of profit in the broadcasting industry: Evidence from Japanese micro data," *Information Economics and Policy*, Vol.18, Issue 2, pp.216-228.

Takeuchi, Nobuhiro (1993) "Regional Character and Network in the Broadcasting Industry,"『郵政研究レビュー』第3号, 郵政省郵政研究所.

第 2 部

地域映像メディアの需要分析

第4章
大都市圏の地域映像情報の評価分析

　映像情報発信の活性化が期待される中で、本章では、映像メディアが「地域メディア」としていっそう機能する余地があるのではないかという点に着目する。まずは現状において、映像系メディアが「地域メディア」としてどの程度利活用されているのかを明らかにすることが本章の目的である。2012年に実施したウェブ・アンケート調査をもとに考察を進める[1]。

1　地上波民間テレビ放送の情報不均衡

　我が国においては、地上波民間テレビの放送エリアは原則として都道府県の行政区分単位で免許が発行される県域圏が基本であるが、関東・中京・関西の三大都市圏については3つ以上の複数の都府県を1つの放送エリアとする広域圏である[2]。

　図表4－1は地上波民間テレビの放送エリアの人口規模を県域圏である熊本県と関西広域圏とで比較したものである。どちらの放送エリアにも、日本

---

1) 本調査は、総務省情報通信政策研究所研究平成23年度公募型共同研究採択案件「地域メディア力の社会経済的影響に関する調査研究」で実施した。「地域メディアの機能・利用・満足度」(『メディア・コミュニケーション』No.63掲載、2013年) に掲載された報告を修正・加筆している。また単純集計による分析は、菅谷 (2014) に詳しく掲載している。
2) この他、岡高地区 (岡山・香川)、山陰地区 (鳥取・島根) が2県にまたがった放送エリアとなっている。

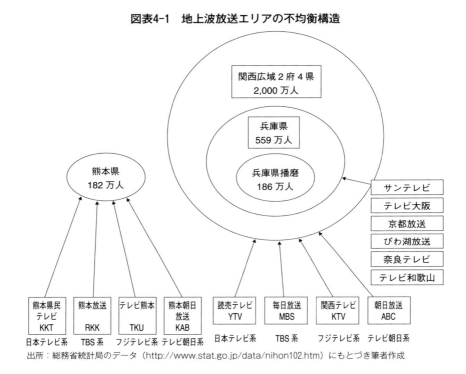

図表4-1　地上波放送エリアの不均衡構造

出所：総務省統計局のデータ（http://www.stat.go.jp/data/nihon102.htm）にもとづき筆者作成

テレビ系・TBS系・フジテレビ系・テレビ朝日系の系列地方局4局が存在する。

　熊本県の4局が人口約182万人に向けて放送しているのに対し、関西広域圏の4局はその10倍以上の2,000万人余りを対象としている。1局当たりの放送時間は24時間と変わらないので、必然的に人口1人当たりの情報量は関西広域圏の方が薄くなる。これを補うために、広域圏には県域ごとに免許が与えられている放送局（県域独立局）があるが、例えば兵庫県の約559万人に対しサンテレビが1局だけと、十分な手当とはなっていない。

　ちなみに、兵庫県播磨地域の人口が約186万人と熊本県とほぼ同規模であり、姫路城を擁し、播磨臨海工業地帯を抱えるなど、文化的にも経済的にも熊本県に引けを取らない地域であるが、在阪の民間テレビ局の放送エリアの一部となっているにすぎない。筆者は在阪の民間テレビ局に勤務しているが、

地理的に距離が離れている播磨地域の地域情報を手厚く扱える体制にはなっていない[3]。

つまり、地上波民間テレビに限っていうと、地域情報という観点からは、広域圏の住民は十分なサービスが受けられていないと考えられ、人口過疎地とは別な意味での情報のエアポケット状態が生まれているといえる。

大都市圏において地域の映像情報が手薄になっているのであれば、逆説的にいえば、大都市圏においては新たな映像系の地域情報サービスが発展する余地が大きいことになる。以上のことから、本調査では大都市圏に対象をしぼり、その映像系メディアの利用実態を把握して、今後の地域メディアサービス創出のヒントを得ることとする。

2　アンケート調査概要

調査会社のインターネットモニターを対象とし、属性別（性別、年代、地域）に層化して、オンラインでのアンケートを2012年3月に実施した。対象とした地域は民間放送地上放送免許の広域圏の在局・非在局都府県[4]に加え、県域圏からも抽出した（図表4-2）。

大都市圏を対象とするので、10万世帯以上の県庁所在地に限定している。具体的には、関東広域圏から東京・世田谷区[5]／茨城・水戸市／埼玉・さいたま市／神奈川・横浜市の4都市、中京広域圏から愛知・名古屋市／岐阜・岐阜市／三重・津市の3都市、関西広域圏から大阪・大阪市／兵庫・神戸市／奈良・奈良市の3都市、県域圏から石川・金沢市／広島・広島市／福岡・福岡市の3都市、あわせて13地域を選んだ。

サンプル数は世帯分布をある程度反映する形で割り付け、1,504の有効回

---

3) NNNニュースネットワークで兵庫県西部に常駐しているのはカメラマン兼記者が1名だけである。
4) 広域圏の地上波民間テレビ局では、関東は東京、中京は愛知（名古屋市）、関西は大阪（大阪市）に、それぞれ本社を置いている。これらを在局都市、それ以外の広域圏の自治体を非在局都市としている。
5) 放送局の本社が世田谷区に立地しているわけではないが、東京都に関しては住宅地である世田谷区をサンプルにとった。

図表4-2　対象地域とサンプル数

13地域／対象地域総世帯数：7,517,679　サンプル数(0.02%→1,504世帯)

地域	区分	サンプル数
東京・世田谷区(435,790)	関東広域／在局都	87
茨城・水戸市(114,363)	関東広域／非在局県＊県域U局不在	23
埼玉・さいたま市(517,437)	関東広域／非在局県	103
神奈川・横浜市(1,644,306)	関東広域／非在局県	329
愛知・名古屋市(988,891)	中京広域／在局県	198
岐阜・岐阜市(164,903)	中京広域／非在局県	33
三重・津市(115,958)	中京広域／非在局県	23
大阪・大阪市(1,299,405)	関西広域／在局府	260
兵庫・神戸市(699,850)	関西広域／非在局県	140
奈良・奈良市(152,696)	関西広域／非在局県	31
石川・金沢市(188,561)	県域／在局県	38
広島・広島市(519,497)	県域／在局県	104
福岡・福岡市(676,022)	県域／在局県	135

注：住民基本台帳に基づく人口、人口動態及び世帯数（平成23年3月31日現在）による。
出所：筆者作成

答があった。

3　地域情報の入手ソース

　まず、地域メディアの利用動向の全体像を概観するため、一般的な地域情報に関わる質問として、映像メディアに限らず、「よく利用する地域情報の情報源」を16のカテゴリーの中から使用頻度の高い順に5つまで選んでもらった結果を示す（図表4-3）。

　地上波民間テレビのネットワーク加盟局（日本テレビ系、TBS系、フジテレビ系、テレビ朝日系、一部テレビ東京系に加盟するチャンネル）の回答が49.1％と最も多く、次いで、新聞が45.8％、自治体の広報誌が42.8％、NHKテレビが35.4％、隣人・友人からの口コミが23.1％の順となっている。視聴者に身近なメディアとして、地上波民間テレビのネットワーク加盟局が、地域情報ソースとしても選ばれていることがわかる。

　他方、同じ映像系メディアでありながら、県域独立局やコミュニティチャ

図表4-3　よく利用する地域情報の情報源

	NHKテレビ	地上波民間テレビ（ネットワーク）	地上波民間テレビ（県域独立局）	ケーブルテレビのコミュチャン	新聞	ミニコミ誌	雑誌	自治体の広報誌	ラジオ	自治体のインターネットサイト	自治体以外のインターネット	隣人・友人からの口コミ	ソーシャルメディア	メールマガジン	ブログ	インターネット上の動画サービス
順位	4	1	6	12	2	7	11	3	10	8	9	5	13	16	15	14
N=1,504	35.4	49.1	20.3	6.5	45.8	16.8	7.8	42.8	8.2	11.2	11.1	23.1	6.4	3.9	4.1	5.6

出所：筆者作成

ンネル（コミュチャン）は、自治体の広報誌や口コミの後塵を拝している。インターネット上の動画サービスも地域情報ソースとしての利用は進んでいない。

4　映像メディア利用動向に関する質問項目

　映像系メディアに焦点を絞った本調査でとりあげたメディアは、①NHKテレビ（以下、NHK）、②地上波民間テレビのネットワーク加盟局（以下、民放ネット）、③地上波民間テレビの県域独立局又はテレビ東京系の府県域局（以下、県域独立等）、④ケーブルテレビのコミュニティチャンネル（以下、コミュチャン）、⑤インターネットの動画サービス（以下、ネット動画）、の5つのカテゴリーである。また、地域情報に関しては、(a)生活・娯楽・文化情報（買い物・グルメ・イベント・スポーツ・展覧会・遊び等）、(b)気

図表4-4 対象局リスト

	東京・世田谷区	茨木・水戸市	埼玉・さいたま市	神奈川・横浜市	愛知・名古屋市	岐阜・岐阜市	三重・津市
地上波民間テレビ(ネットワーク加盟局)	日本テレビ／テレビ朝日／TBSテレビ／フジテレビジョン／テレビ東京*				中京テレビ／名古屋テレビ(メ〜テレ)／中部日本放送(CBC)／東海テレビ		
地上波民間テレビ(県域独立局 or TX系の府県域局)	東京メトロポリタンテレビジョン(東京MX)		テレビ埼玉	テレビ神奈川	テレビ愛知*	岐阜放送	三重テレビ放送
ケーブルテレビのコミュニティチャンネル	J:COMせたまち／イッツコム	ケーブルテレビ茨城	J:COMさいたま／JCN関東	J:COM横浜／イッツコム／YOUテレビ／JCNよこはま／ケーブルシティよこはま(CCY)	スターキャット／NCV(名古屋ケーブルビジョン)／CCNET(中部ケーブルネットワーク)／グリーンシティケーブルテレビ	CCN(チャンネル長良川)	ZTV

出所：筆者作成

象・災害情報（天気予報・大雨・台風・地震等）、(c)交通・安全情報（渋滞・鉄道・事件・事故・治安等）、(d)政治・行政・教育情報（地方選挙・自治体からのお知らせ・学校活動等）、の4つに分類した。それぞれのメディアと情報の組み合わせに対して、（ア）どの程度利用するか（利用度）、（イ）情報量に満足しているか（量の満足度）、（ウ）情報の質に満足しているか（質の満足度）、を質問している。

　なお、実際のオンラインアンケートでは、地域ごとに該当する具体的な事業者名が表示されるようにした。対象局リストは図表4-4の通りである。テレビ東京系列の事業者については、テレビ東京とTVQ九州放送は4大ネ

図表 4-4 つづき

	大阪・大阪市	兵庫・神戸市	奈良・奈良市	石川・金沢市	広島・広島市	福岡・福岡市
地上波民間テレビ(ネットワーク加盟局)	読売テレビ 朝日放送(ABC) 毎日放送(MBS) 関西テレビ			テレビ金沢 北陸朝日放送 北陸放送 石川放送	広島テレビ放送 広島ホームテレビ 中国放送(RCC) テレビ新広島	福岡放送 九州朝日放送 RKB毎日放送 テレビ西日本 TVQ九州放送(テレキュー)*
地上波民間テレビ(県域独立局 or TX系の府県域局)	テレビ大阪*	サンテレビジョン	奈良テレビ放送	/	/	/
ケーブルテレビのコミュニティチャンネル	J:COMウエスト K-CAT ベイコム	J:COM神戸・芦屋 ベイコム K-CAT	近鉄ケーブルネットワーク(KCN) こまどりケーブル K-CAT	金沢ケーブルテレビネット(KCT)	ひろしまケーブルテレビ(ハイキャット) ふれあいチャンネル	J:COM福岡 福岡ケーブルビジョン(FCV) CFSケーブルステーション福岡

ットワークの系列局と放送エリアが同じであることから②に分類し、テレビ大阪とテレビ愛知は単一府県への放送免許であるので③に分類している(図表中で*のついている事業者)。

5 順序ロジットモデルによる回帰分析

5.1 分析モデル

ここでは、映像メディアの利用度が地域情報の総体的な満足度にどのように影響しているかを回帰分析によって推定する。推定式は以下の通りである。

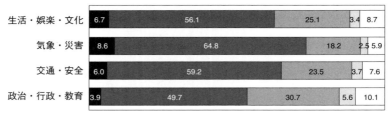

図表4-5　地域情報提供状況への満足度(%)

$$y^* = \beta_1 x_1 + \beta_2 x_2 + \cdots + \beta_j x_j$$
$$y = i \quad if \ \kappa_{i-1} < \beta_1 x_1 + \beta_2 x_2 + \cdots + \beta_j x_j < \kappa_i$$
$$i = 1, \cdots, 5$$

y：総体的な地域情報への満足度（生活・娯楽・文化情報）
　　総体的な地域情報への満足度（気象・災害情報）
　　総体的な地域情報への満足度（交通・安全情報）
　　総体的な地域情報への満足度（政治・行政・教育情報）

ただし、被説明変数yはアンケート調査の地域情報に関する一般的な質問として映像メディアに限定せずに情報カテゴリー別に聞いた満足度（5段階）で、単純集計は図表4-5に示されている。

説明変数x_jは①NHK、②民放ネット、③県域独立等、④コミュチャン、⑤ネット動画の映像メディアの利用度（5段階）に加え、性別（男性0、女性1）、年齢、居住年数（6段階）、世帯収入（9段階）といった個人属性が含まれている。推定は順序ロジットモデルによるものであり、κ_iは各段階における閾値（cut-off points）を示す。図表4-6に記述統計量が要約されている。

5.2　推定結果

図表4-7(1)に（a）生活・娯楽・文化情報のモデルが要約されている。推定結果より、①NHK、②民放ネット、⑤ネット動画がそれぞれ1％以下の

図表4-6　記述統計量

変数	サンプル数	平均	標準偏差	最小値	最大値
(a)の総体的満足度	1504	3.4874	0.9875	1	5
(b)の総体的満足度	1504	3.6769	0.8917	1	5
(c)の総体的満足度	1504	3.5233	0.9482	1	5
(d)の総体的満足度	1504	3.3172	1.0069	1	5
(a)のNHKの利用度	1504	3.3491	1.0521	1	5
(a)の民放ネットの利用度	1504	3.8211	1.0404	1	5
(a)の県域独立等の利用度	1204	3.3090	0.9558	1	5
(a)のコミュチャンの利用度	1504	2.1184	1.1228	1	5
(a)のネット動画	1504	3.0086	0.9859	1	5
(b)のNHKの利用度	1504	3.8511	1.0805	1	5
(b)の民放ネットの利用度	1504	3.8976	0.9091	1	5
(b)の県域独立等の利用度	1204	3.2467	0.9500	1	5
(b)のコミュチャンの利用度	1504	2.0432	1.1077	1	5
(b)のネット動画	1504	2.7739	1.1223	1	5
(c)のNHKの利用度	1504	3.3551	1.0415	1	5
(c)の民放ネットの利用度	1504	3.4807	0.9691	1	5
(c)の県域独立等の利用度	1204	3.0224	0.9616	1	5
(c)のコミュチャンの利用度	1504	1.9801	1.0702	1	5
(c)のネット動画	1504	2.5858	1.0989	1	5
(d)のNHKの利用度	1504	3.2739	1.0551	1	5
(d)の民放ネットの利用度	1504	3.3191	0.9939	1	5
(d)の県域独立等の利用度	1204	2.9635	0.9599	1	5
(d)のコミュチャンの利用度	1504	1.9461	1.0416	1	5
(d)のネット動画	1504	2.5153	1.0596	1	5
性別(男0,女1)	1504	0.4914	0.5001	0	1
年齢	1504	42.9641	11.2384	18	69
居住年数(カテゴリー)	1504	4.8324	1.4380	1	6
世帯収入(カテゴリー)	1504	3.4967	1.7510	1	9

出所：筆者作成

図表4-7(1) (a) 生活・娯楽・文化情報の推定結果

生活・娯楽・文化	係数	標準誤差	z値	p値	
NHKの利用度	0.2535	0.0690	3.68	0	***
民放ネットの利用度	0.2827	0.0739	3.82	0	***
県域独立等の利用度	0.0706	0.0758	0.93	0.352	
コミュチャンの利用度	0.1187	0.0546	2.18	0.03	**
ネット動画	0.2219	0.0637	3.48	0	***
性別(男0, 女1)	0.3621	0.1174	3.08	0.002	***
年齢	-0.0054	0.0055	-0.99	0.323	
居住年数(カテゴリー)	0.0035	0.0429	0.08	0.934	
世帯収入(カテゴリー)	0.0336	0.0330	1.02	0.308	
/cut1	0.6602	0.3995			
/cut2	1.0624	0.3990			
/cut3	2.6784	0.4045			
/cut4	6.1027	0.4379			
サンプル数		1,204			
対数尤度		-1356.1865			
疑似決定係数		0.05			

注：***、**、*はそれぞれ有意水準1%、5%、10%をさす
出所：筆者作成

図表4-7(2) (b) 気象・災害情報の推定結果

気象・災害	係数	標準誤差	z値	p値	
NHKの利用度	0.3339	0.0619	5.4	0	***
民放ネットの利用度	0.2154	0.0784	2.75	0.006	***
県域独立等の利用度	0.1519	0.0745	2.04	0.041	**
コミュチャンの利用度	0.0544	0.0592	0.92	0.358	
ネット動画	0.0879	0.0583	1.51	0.132	
性別(男0, 女1)	0.0296	0.1227	0.24	0.809	
年齢	-0.0024	0.0058	-0.42	0.676	
居住年数(カテゴリー)	-0.0759	0.0459	-1.65	0.098	**
世帯収入(カテゴリー)	0.0749	0.0343	2.18	0.029	**
/cut1	-0.0910	0.4355			
/cut2	0.2805	0.4332			
/cut3	1.7850	0.4335			
/cut4	5.3844	0.4601			
サンプル数		1,204			
対数尤度		-1231.6764			
疑似決定係数		0.0397			

注：***、**、*はそれぞれ有意水準1%、5%、10%をさす
出所：筆者作成

図表4-7(3) (c) 交通・安全情報の推定結果

交通・安全	係数	標準誤差	z値	p値	
NHKの利用度	0.2815	0.0737	3.82	0	***
民放ネットの利用度	0.2152	0.0865	2.49	0.013	**
県域独立等の利用度	0.2441	0.0805	3.03	0.002	***
コミュチャンの利用度	-0.0468	0.0621	-0.75	0.451	
ネット動画	0.0530	0.0601	0.88	0.378	
性別（男0，女1）	-0.0184	0.1195	-0.15	0.877	
年齢	-0.0027	0.0056	-0.49	0.625	
居住年数（カテゴリー）	-0.0357	0.0444	-0.8	0.421	
世帯収入（カテゴリー）	0.1014	0.0341	2.98	0.003	***
/cut1	-0.1004	0.3947			
/cut2	0.3251	0.3932			
/cut3	1.9041	0.3957			
/cut4	5.5302	0.4271			
サンプル数		1,204			
対数尤度		-1301.7884			
疑似決定係数		0.0458			

注：***、**、*はそれぞれ有意水準1％、5％、10％をさす
出所：筆者作成

図表4-7(4) (d) 政治・行政・教育情報の推定結果

政治・行政・教育	係数	標準誤差	z値	p値	
NHKの利用度	0.1685	0.0772	2.18	0.029	**
民放ネットの利用度	0.2402	0.0895	2.68	0.007	***
県域独立等の利用度	0.3011	0.0799	3.77	0	***
コミュチャンの利用度	0.0390	0.0615	0.63	0.527	
ネット動画	0.0405	0.0610	0.66	0.507	
性別（男0，女1）	0.1927	0.1136	1.7	0.09	*
年齢	0.0065	0.0054	1.2	0.232	
居住年数（カテゴリー）	-0.0292	0.0425	-0.69	0.491	
世帯収入（カテゴリー）	0.0733	0.0325	2.26	0.024	**
/cut1	0.5920	0.3654			
/cut2	1.1302	0.3653			
/cut3	2.8515	0.3728			
/cut4	6.3764	0.4151			
サンプル数		1,204			
対数尤度		-1416.7619			
疑似決定係数		0.044			

注：***、**、*はそれぞれ有意水準1％、5％、10％をさす
出所：筆者作成

有意水準で、④コミュチャンが5％以下の有意水準で正に有意となっている。個人属性では性別が正に有意となった（$p<0.01$）。

(b) 気象・災害情報（図表4-7(2)）では、①NHKと②民放ネットがそれぞれ正に有意（$p<0.01$）、③県域独立等も正に有意であった（$p<0.05$）。個人属性では居住年数が負に有意（$p<0.05$）、世帯年収が正に有意（$p<0.05$）である。

(c) 交通・安全情報（図表4-7(3)）では、正に有意となっているのは①NHK（$p<0.01$）、③県域独立等（$p<0.01$）、②民放ネット（$p<0.05$）であった。個人属性では世帯年収が正に有意である（$p<0.01$）。

最後に、(d) 政治・行政・教育情報（図表4-7(4)）では、②民放ネット、③県域独立等が正に有意で（$p<0.01$）、①NHKも正に有意であった（$p<0.05$）。個人属性では世帯年収（$p<0.05$）、性別（$p<0.1$）が正に有意となっている。

5.3 推定結果からの考察

上記の結果からまず読み取れるのは、すべての情報カテゴリーにおいて①NHKと②民放ネットの利用度の高い人ほど、地域情報の満足度が高いということである。この2つのメディアが地域メディアとして存在感を示していることがわかる。また、③県域独立等は、(a)生活・娯楽・文化情報以外では正に有意となっている。このことから、地域情報源として挙げる人が少なかった③県域独立等であるが、利用している人の間では当該地域情報で機能していると考えられる。限られた資源での「選択と集中」の戦略をとるのであれば、③県域独立等は(b)気象・災害、(c)交通・安全、(d)政治・行政・教育といった情報分野を強化することが有効かもしれない。

④コミュチャンが有意となったのは、(a)生活・娯楽・文化情報だけで、それ以外では有意とならなかった。限定的な④コミュチャン利用者の間では、地域の催し物や商店街の特売情報のようなより狭い地域を対象とするコミュチャン特有のコンテンツが評価されているのかもしれない。しかし、(b)、(c)、(d)の地域密着の情報を必要とするカテゴリーで存在感を示せていない。限られた制作人員では速報性を要する(b)気象・災害情報や(c)交通・安全情報に対

応できないことや、自治体が出資しているケースが多いため、批判的な視点が求められる(d)政治・行政・教育情報に踏み込みにくい事情等が、障害となっていることが考えられる。

⑤ネット動画が有意となったのは(a)生活・娯楽・文化情報だけであった。単純集計の「どの程度利用するか」の結果をみると、「利用できない」よりも「全く利用しない（利用しようと思えばできるが）」が目立っており、3割前後がそう回答している。④コミュチャンは「利用できない」という回答が最も多く4割前後に達することに照らし合わせると、情報発信において物理的には地域を限定する必要がない「ネット動画」であるが、潜在的に地域メディアとして機能する可能性はある。仮に、(b)、(c)、(d)のきめ細かい地域情報を提供する事業者（サイト）が現れたら、利用が広がるのは早いのではないだろうか[6]。

最後に、属性に関しての結果を考察する。「性別」では、(a)生活・文化・娯楽と(d)政治・行政・教育情報について、女性ほど満足しているという結果が得られた。また、(b)気象・災害情報については、「居住年数」が負に有意となり、長く住んでいる人ほど現在の地域メディアからの提供状況に満足していない。「世帯年収」は、(a)生活・娯楽・文化情報にだけ影響がなく、それ以外は、収入の高い人ほど満足度が高いという結果である。収入がこうした情報のアクセスにどう影響しているのか、今後より詳しい調査をする必要がある。

6 地域と量・質の満足度の相関分析

前節では回帰分析によって地域メディア情報の満足度について分析を行ったが、本節では、各メディアの量と質、及び地域に焦点をあて、より深く精査を行う。しかしながら、地域や量、質といった細かな項目に分析を深化した際、データ上の問題として、説明変数間の相関の高さ、サンプル数の低下、

---

[6] ニコニコ動画では、2013年7月14日から9月22日の間、「ニコニコ町会議全国ツアー2013」というイベントで全国8カ所の町からネット生中継を行い、152万人のネット来場者を集めている。（株式会社ドワンゴ・株式会社ニワンゴ, 2013）。

図表4-8　スピアマンの順位相関係数

①NHK

	量の満足				質の満足			
	生活娯楽	気象災害	交通安全	政治行政	生活娯楽	気象災害	交通安全	政治行政
世田谷	-0.0120	-0.0169	0.0092	-0.0217	-0.0195	-0.0207	0.0036	-0.0107
水戸	0.0656 *	0.0321	0.0393	0.0400	0.0485 *	0.0284	0.0263	0.0218
さいたま	-0.0185	-0.0154	-0.0106	-0.0076	-0.0065	-0.0244	-0.0169	-0.0026
横浜	-0.0572 *	-0.0472 *	-0.0409	-0.0591 *	-0.0736 *	-0.0256	-0.0289	-0.0552 *
名古屋	0.0621 *	0.0488 *	0.0390	0.0671 *	0.0481 *	0.0462 *	0.0641 *	0.0474 *
岐阜	0.0337	0.0436 *	0.0322	0.0268	0.0376	0.0349	0.0379	0.0263
津	-0.0421	0.0002	-0.0102	0	-0.0008	0.0245	-0.0234	0.0196
大阪	-0.0378	-0.0202	-0.0236	-0.0372	-0.0371	-0.0379	-0.0337	-0.0389
神戸	-0.0139	-0.0266	-0.0584 *	-0.0391	-0.0190	-0.0147	-0.0581 *	-0.0515 *
奈良	-0.0078	-0.0336	-0.0163	-0.0123	-0.0081	-0.0432 *	-0.0394	-0.0099
石川	0.0446 *	0.0252	0.0132	-0.0058	0.0469 *	0.0187	0.0132	0.0112
広島	0.0198	0.0128	0.0288	0.0240	0.0488 *	0.0133	0.0214	0.0412
福岡	0.0340	0.0470 *	0.0518 *	0.0766 *	0.0348	0.0447 *	0.0543 *	0.0696 *

②民放ネット

	量の満足				質の満足			
	生活娯楽	気象災害	交通安全	政治行政	生活娯楽	気象災害	交通安全	政治行政
世田谷	-0.0170	-0.0196	-0.0021	-0.0179	-0.0405	-0.0307	-0.0123	-0.0185
水戸	0.0135	-0.0170	0.0137	0.0069	0.0046	-0.0079	0.0013	0.0202
さいたま	-0.0788 *	-0.0447 *	-0.0210	-0.0151	-0.0500 *	-0.0450 *	-0.0206	-0.0201
横浜	-0.1398 *	-0.0886 *	-0.0911 *	-0.0832 *	-0.1314 *	-0.0633 *	-0.0790 *	-0.0940 *
名古屋	0.0996 *	0.0332	0.0375	0.0554 *	0.0776 *	0.0156	0.0642 *	0.0306
岐阜	0.0025	0.0049	0.0127	0.0076	0.0179	0.0023	0.0223	0.0001
津	-0.0196	0.0142	0.0083	-0.0048	0.0077	0.0203	-0.0014	0.0161
大阪	-0.0094	0.0401	0.0316	0.0117	0.0115	0.0230	0.0128	0.0243
神戸	-0.0358	-0.0405	-0.0529 *	-0.0269	-0.0254	-0.0305	-0.0590 *	-0.0462 *
奈良	-0.0464 *	-0.0354	-0.0332	-0.0146	-0.0330	-0.0306	-0.0424	0.0026
石川	0.0601 *	0.0330	0.0039	0.0027	0.0495 *	0.0160	0.0182	0.0115
広島	0.0993 *	0.0434 *	0.0297	0.0239	0.0891 *	0.0536 *	0.0297	0.0526 *
福岡	0.1199 *	0.0923 *	0.0916 *	0.0745 *	0.0818 *	0.0908 *	0.0832 *	0.0774 *

③県域独立等

	量の満足度				質の満足			
	生活娯楽	気象災害	交通安全	政治行政	生活娯楽	気象災害	交通安全	政治行政
世田谷	-0.1156 *	-0.1516 *	-0.1450 *	-0.1288 *	-0.1163 *	-0.1570 *	-0.1422 *	-0.1404 *
水戸	-	-	-	-	-	-	-	-
さいたま	-0.0266	-0.0739 *	-0.0375	-0.0169	-0.0213	-0.0437	-0.0368	-0.0329
横浜	-0.0497 *	-0.0281	-0.0323	-0.0529 *	-0.0572 *	-0.0263	-0.0343	-0.0453
名古屋	0.1084 *	0.0690 *	0.0775 *	0.1023 *	0.1020 *	0.0567 *	0.0995 *	0.0792 *
岐阜	0.0074	0.0331	0.0345	0.0144	0.0154	0.0246	0.0372	0.0005
津	-0.0114	-0.0067	0.0074	-0.0021	0.0155	0.0171	-0.0041	0.0325
大阪	0.0266	0.0757 *	0.0863 *	0.0515 *	0.0505 *	0.0733 *	0.0760 *	0.0865 *
神戸	0.0256	0.0272	-0.0346	-0.0101	-0.0014	0.0215	-0.0321	-0.0232
奈良	0.0034	0.0160	0.0166	0.0235	-0.0075	0.0007	-0.0061	0.0235
石川	-	-	-	-	-	-	-	-
広島	-	-	-	-	-	-	-	-
福岡	-	-	-	-	-	-	-	-

図表4-8　つづき

④コミュチャン

	量の満足				質の満足			
	生活娯楽	気象災害	交通安全	政治行政	生活娯楽	気象災害	交通安全	政治行政
世田谷	0.0232	-0.0066	-0.0263	-0.0155	0.0153	-0.0218	-0.0260	-0.0161
水戸	-0.0254	-0.0296	-0.0242	-0.0197	-0.0366	-0.0246	-0.0245	-0.0206
さいたま	0.0397	0.0308	0.0312	0.0299	0.0497 *	0.0411	0.0313	0.0273
横浜	0.0290	0.0717 *	0.0452 *	0.0371	0.0310	0.0685 *	0.0585 *	0.0403
名古屋	-0.0609 *	-0.1096 *	-0.0736 *	-0.0777 *	-0.0761 *	-0.1046 *	-0.0755 *	-0.0769 *
岐阜	-0.0186	-0.0389	-0.0414	-0.0450 *	-0.0263	-0.0372	-0.0307	-0.0456 *
津	0.0327	0.0639 *	0.0404	0.0342	0.0484 *	0.0323	0.0272	0.0509 *
大阪	0.0723 *	0.0695 *	0.0688 *	0.0635 *	0.0570 *	0.0658 *	0.0584 *	0.0759 *
神戸	0.0066	0.0352	0.0184	0.0309	0.0190	0.0319	0.0193	0.0190
奈良	0.0041	0.0043	-0.0051	0.0021	-0.0016	-0.0039	-0.0075	-0.0027
石川	-0.0288	-0.0507 *	-0.0484 *	-0.0406	-0.0239	-0.0395	-0.0318	-0.0310
広島	-0.0337	-0.0252	0.0024	0.0025	-0.0299	-0.0245	-0.0045	-0.0065
福岡	-0.0763 *	-0.0704 *	-0.0529 *	-0.0550 *	-0.0571 *	-0.0522 *	-0.0588 *	-0.0634 *

⑤ネット動画

	量の満足				質の満足			
	生活娯楽	気象災害	交通安全	政治行政	生活娯楽	気象災害	交通安全	政治行政
世田谷	0.0184	-0.0023	-0.0115	-0.0233	0.0023	0.0109	0.0009	-0.0135
水戸	0.0047	0.0065	0.0061	0.0128	0.0216	0.0245	0.0186	0.0053
さいたま	-0.0060	0.0038	0.0104	0.0083	0.0030	0.0031	0.0147	0.0071
横浜	0.0016	0.0108	-0.0012	-0.0126	-0.0150	-0.0008	-0.0132	-0.0057
名古屋	-0.0178	-0.0503 *	-0.0354	-0.0299	-0.0277	-0.0489 *	-0.0283	-0.0306
岐阜	0.0519 *	0.0277	-0.0029	-0.0130	0.0255	0.0147	0.0080	-0.0032
津	0.0018	0.0270	0.0080	-0.0052	0.0110	0.0121	0.0074	0.0009
大阪	0.0703 *	0.0653 *	0.0681 *	0.0674 *	0.0647 *	0.0590 *	0.0546 *	0.0763 *
神戸	-0.0452 *	-0.0135	-0.0240	-0.0155	-0.0424	-0.0179	-0.0175	-0.0348
奈良	-0.0265	-0.0529 *	-0.0294	-0.0319	-0.0235	-0.0601 *	-0.0306	-0.0319
石川	0.0005	-0.0113	-0.0228	-0.0133	0.0151	-0.0075	-0.0151	-0.0035
広島	-0.0329	0.0060	0.0182	0.0320	-0.0069	0.0191	0.0173	0.0252
福岡	-0.0253	-0.0316	-0.0154	-0.0099	-0.0102	-0.0186	-0.0228	-0.0220

注：＊は10％以下の水準で有意
出所：筆者作成

あるいは欠損等から、回帰分析の振る舞いは決して信頼できるものではないと考えられる。ここでは、相関分析を実施することによって、メディア別に傾向を確認する。その際、アンケートで質問した「映像メディアに限定しない地域メディア情報源」の結果と照らし合わせながら考察を試みる。図表4-8にはスピアマンの順位相関係数を示した。

　①NHKは、単純集計をみると地域情報源として水戸市の利用が突出している[7]。茨城県は広域圏の非在局県の中で、全国で唯一、県域独立局が存在

7）注1を参照。

しない県で、県内の情報を優先して放送するテレビチャンネルがなかったが、2004年10月に地元からの強い要望でNHKが関東の他県に先行して県域テレビ放送を開始している[8]。こうした経緯からNHKテレビが地域情報源として他地域より歓迎されていると考えられるが、量と質の相関係数をみると、(a)生活・娯楽・文化情報において満足度が高いことが窺える。

②民放ネットでプラスに優位な相関がみられるのは、広域圏の在局都市である名古屋と、県域圏の石川、広島、福岡である。さいたま、横浜、神戸、奈良ではマイナスの相関がみられ、これらはすべて広域圏の非在局都市である。第1節で地上民間テレビにおける広域圏での情報不均衡を指摘したが、在局都府県の情報に偏りがちの広域圏において、非在局県の不満が統計的にあらわれた結果といえる。

③県域独立等では、名古屋と大阪において正の相関が多くみられるが、それぞれテレビ大阪とテレビ愛知というテレビ東京系列の局である。系列に属さない県域独立局ではなく、テレビ東京系の局に対して量と質の満足度がプラスにあらわれていることの解釈としては、以下のようなことが考えられる。テレビ大阪とテレビ愛知ではテレビ東京制作のネット番組も放送されるので、そのネット番組の内容やクオリティにローカル番組も影響を受ける。結果として、量的にも質的にも満足の高い放送内容となっているのではないか。後発の東京メトロポリタンテレビはすべてのカテゴリーで負の相関が、テレビ埼玉とテレビ神奈川にも部分的に負の相関がみられる。いずれも関東広域圏に属しているが、東京キー局という絶大な制作力を誇るチャンネルの存在が「目の肥えた視聴者」を生み、これらのテレビ局の番組に対し物足りなさを感じるという影響を与えている可能性はある。

④コミュチャンについては、アンケートでは津の情報源としての利用度が相対的に目立っていたが、相関係数においては、(b)気象・災害情報の量の満足度、(a)生活・娯楽・文化と(d)政治・行政・教育情報の質の満足度が正に有意となっている。また、すべての情報カテゴリーにおいて、名古屋と福岡はマイナスの、大阪はプラスの相関が出ていることは興味深い。3都市とも民

---

8) 2012年4月から栃木県と群馬県でも県域テレビ放送を開始している。

放ネットにおいては在局都市であるというメディア環境は一致しているのに、コミュチャンの評価が異なっている要因はどこにあるのか、今後事業者の具体的な取り組みを調査することで明らかにしたい。

⑤ネット動画は、大阪に正の相関が多くみられるが、無数にあるネットコンテンツの中で、大阪のユーザーにだけ満足度が高く出ている結果を本分析から解釈することは困難である。

なお、本調査では、地域当たりのサンプル数の問題もあり、個人属性との関わりの分析には限界があった。またどんな地域情報を必要としているかというニーズに関する質問は実施しなかった。今後、地域の絞り込みや、需要面での分析等もあわせて進めていきたい。

7　大都市圏の地域メディアサービスの展望

本章では、大都市圏の地域映像情報について、ウェブアンケートによりその利用動向を探り、評価分析を行った。その結果、放送系の映像メディアについては、大きな傾向として二極化がみられた。つまり、「地上波民間テレビのネットワーク加盟局」と「NHKテレビ」は地域メディアとしてある程度機能しているが、「地上波民間テレビの県域独立局又はテレビ東京系の府県域局」と「ケーブルテレビのコミュニティチャンネル」は、元々期待されているほどには地域メディアとして浸透していない。つまり、より狭い範囲で地域密着を実現できるはずの後者のグループが地域メディアとして評価されていないことが明らかになった。

しかしながら、水戸市で近年始まったNHKの県域テレビ放送が好評であることや、広域圏の非在局都市で地域情報への不満が窺えることは、住民は自分たちの住む地域のことを優先的に伝える映像メディアを待望していると捉えることができる。

この矛盾する結果を生む要因として、「競争環境の不在」と「映像コンテンツの特性」という2つの点を指摘したい。

7.1 競争環境の不在

　民間のサービス向上には競争環境は欠かせない。「民放ネット」においては「視聴率競争」がこれにあたる。「扇情的になりすぎる」等の理由でしばしば批判の対象になる「視聴率競争」だが、視聴者の求めている情報をいかに効果的に提供するかを競い合うことによって、番組が魅力あるものになっていることも事実である。「県域独立局」と「コミュチャン」は、当該地域に同条件の事業者が1つしか存在しないので、こうした競争環境がない。このことが、視聴者のニーズを十分に汲み取れない要因になっているのではないか。

7.2 映像コンテンツの特性

　映像コンテンツは、ビデオ（映像）を扱うと同時にオーディオ（音声）、テキスト（文字）、グラフィック（図）を含めることができるリッチなメディアであり、映像情報制作には、音声や活字だけのメディアに比べて格段に多い様々な工程がある。それぞれの作業に相応の人員、スキル、機器が必要である。こうしたリソースを資本力の乏しい「県域独立局」や「コミュチャン」は、「民放ネット」や「NHK」ほどに投入できないのが現状である。必然的に映像コンテンツの質は落ち、見劣りすることになり、視聴者を集めることができていないと考えられる。

7.3 地域映像情報メディアの今後

　ここまでの分析と考察を通して示されたのは、大都市圏においては、きめ細やかな地域情報が必ずしも提供されておらず映像系の地域メディアサービスが現状よりも発展する余地は大いにあるが、中身が伴わなければ視聴者の支持は得られないということである。

　免許や認可を得ながら地域メディアとしての役割を十分に発揮できていない大都市圏の既存メディアは、その事業を見直す段階に来ているのではないか。その際、まだ地域メディアに活用できるという認識が希薄であることが明らかになったネット動画等も含めた、メディア連携の視点が必要となるだろう。連携のシナリオと映像コンテンツの特性については、第8章で詳しく

論じているので参照されたい。

＊　　　　　　　　　＊

　2014年2月に関東各地が大雪に見舞われた際、道路が寸断されて多くの孤立集落や立ち往生する車両が出た。このとき、山梨や群馬の雪害が迅速にテレビ報道されなかったことが問題となった。同時期にソチオリンピック報道が重なったこととは別に、本章で指摘した大都市圏の地域情報不均衡構造が報道の遅れの要因として考えられる。

　群馬県は関東広域圏の非在局県であり、東京本社の民放局が情報を得て取材に出るまでにタイムロスがある。また山梨県の民放局は2局しかなく、取材拠点や報道カメラが民放4局（5局）地区に比べ少ない。要するに、既存メディアのこれまでのやり方ではこうした災害時に十分な地域情報を提供できないということである。

　この時の雪害では、一般の人たちがTwitter等のソーシャルメディアを活用して被害を訴えたが、やはり、地域のメディアが映像情報としてきちんと提示することが、迅速な救援につながる。映像制作・配信のツールや環境は加速度的に整備されており、従来ほどのコストをかけずに映像情報を扱うことが可能になっている。地域自治体や住民の力も借りて、地域映像メディアを充実させていくことが今後重要になってくる。

参考文献

株式会社ドワンゴ・株式会社ニワンゴ（2013）「『ニコニコ町会議 全国ツアー2013』全国8カ所で、会場来場者数18万5,000人、ネット来場者数152万人を動員」(http://info.dwango.co.jp/pdf/news/service/2013/130924_03.pdf, 最終確認日2014年4月9日).

菅谷実・脇浜紀子・米谷南海（2013）「地域メディアの機能・利用・満足度――『地域メディアの利用満足度と地域ネットワークの利用に関するアンケート調査』（2012年3月）の集計と分析を中心に」『メディア・コミュニケーション』No.63, pp. 85-105.

菅谷実編著（2014）『地域メディア力――日本とアジアのデジタル・ネットワーク形成』中央経済社.

第5章 コミュニティチャンネルの評価分析

 本章では兵庫県内のケーブルテレビ局をとりあげ、そのコミュニティチャンネルへの取り組みに対して、視聴者はどう見ているのか、視聴者は何によってそれを評価しているのか、これらの分析を行う。地域に密着したサービスを拡充していくためには、既にあるコミュニティチャンネルを基軸に展開していくことが有力な戦略であるが、地域によってそのニーズは様々であるため、現状把握はその第一歩といえる。

1　調査の趣旨

 第1章第2.2項で示した通り、社会学的見地からの先行研究の多くが、ケーブルテレビにとって地域情報強化が生き残りの鍵だと結論づけている。他方、経済学に立脚する実証分析は散見されるだけだが、公的支援の在り方や、規制緩和による異業種参入者との競争に関心をおき、主として「伝送サービス」と「伝送設備」といったレイヤーを論じている。
 例えば、インフラ機能に限定し、DEA（Data Envelopment Analysis：包絡分析法）の手法により効率性計測を行った実積・中村（2002）は、財務指標に基づく公的支援策が妥当ではないことを示した。生産関数による規模の経済性の測定を行った塩谷（2006）は、ケーブルテレビ事業は最適規模に達しておらず広域化・規模拡大策は有効であると主張した。衛星放送との比較から加入要因の推定を行った春日・近藤・宍倉（2007）は、インターネット

サービスや伝送路の光化推進といった面からケーブルテレビは今後有利になると議論している。

　つまり、ケーブルテレビにおいては、地域メディアとしての地位の確立というコンテンツ戦略と、さらなる規模の拡大というインフラを中心とした経営戦略の双方が必要とされていると捉えることができるが、この目標を具現化するためには、まず、様々な点で多様性をもつケーブルテレビの現状を的確に把握することが出発点となる。

2　アンケート調査の概要

　このような視点から本章では、異なる地域特性をもち、経営形態も違う兵庫県内の全ケーブルテレビ局について、事業者と視聴者の双方に実施したアンケート調査を分析した。兵庫県は、後述するように「日本の縮図」といわれるような多様性をもつが、第4章でも論じた通り、地上波テレビ放送については複数県をカバーする広域免許のエリアであり、限定的な地元情報を発信する余地は県域免許の地域よりも大きい。また、兵庫県という単一県内を対象としており、視聴者にとって地上波テレビ放送の情報提供条件は等しいことも分析に望ましいといえる。

　このような特徴をもつ兵庫県のケーブルテレビ局の現状を横断的に分析することは、今後の全国のケーブルテレビのあるべき姿を模索する上で有用であると考えられ、また、地域情報サプライヤーとしてのケーブルテレビの横断的な評価とその要因分析は、ケーブルテレビ研究の新たな領域を開くものである。

　なお、本章では視聴者からのコミュニティチャンネルの評価基準に視聴者の主観的な「満足度」を採用する。放送では、通常、視聴率が基準として用いられることが多いが、ケーブルテレビでは視聴率は計測されていない。したがって、視聴者がコミュニティチャンネルの自主制作番組に対して抱く様々な観点からの評価を総合した指標として「満足度」を用いることにした。「満足度」については後に詳しく説明するが、アンケート調査票では、量的及び質的満足度を5段階評価で聞いている。

本章でのデータは、特別の言及がない限り、アンケート調査を実施した2008年当時のものである。

3　兵庫県の放送メディア環境

兵庫県内で自主放送を行うケーブルテレビ局は、2008年4月1日現在で、29市町18局あり、計画世帯としては全県の91％をカバーしている。加入世帯は約127万世帯（2008年3月末）で、世帯普及率は57.5％と全国平均42.3％を上回っている[1]。

兵庫県は日本のほぼ中心に位置し、北は日本海、南は瀬戸内海に面し、都市部、農村部、山間部、島しょ部等の様々な地域で構成されており、その気候、風土、産業も多様で、「日本の縮図」とも称される。このため、全国的に見られるような多様な形態のケーブルテレビ局が存在している。

2004年6月に、県内すべて（当時）のケーブルテレビ局、県域放送局、新聞社及び県の参画により、兵庫県ケーブルテレビ広域連携協議会が設立され[2]、地域情報の発信・交流や地域における情報利用環境の向上に向けた取り組みが行われている。しかしながら、それぞれの地域特性や経営形態の違い等から、必ずしもスムーズな連携が実現しているわけではない。

18局を経営形態別に見ると、民間（第三セクター・MSO・財団）が7局[3]、公営が8局[4]、公設民営が2局[5]、民営（有線役務利用放送）が1局[6]である。

---

1) その後、県内のケーブルテレビ局の統合等が行われ、2013年4月1日現在では、41市町で14局となり、加入世帯は約159万世帯、世帯普及率は69.5％となっている。兵庫県のインターネット・サイトを参照（http://web.pref.hyogo.lg.jp/pa11/pa11_000000123.html, 最終確認日2013年8月21日）。
2) 設立当初の会員は、民間10局（明石ケーブルテレビ・ケーブルテレビ神戸・ケーブルネット神戸芦屋・京阪神ケーブルビジョン・神戸市開発管理事業団・ジェイコム関西宝塚川西局・阪神シティケーブル・BAN-BANテレビ・姫路ケーブルテレビ・六甲アイランドケーブルビジョン）、公共10局（朝来町・加美町・神崎町・五色町・洲本市・関宮町・滝野町・三原郡広域事務組合・養父郡広域事務組合・和田山町）、その他特別会員として4団体（NHK神戸放送局・神戸新聞社・サンテレビジョン・兵庫県）であった。
3) 財団法人のすずらんケーブルは2010年2月にケーブルネット神戸芦屋に事業譲渡され、そのケーブルネット神戸芦屋は2013年1月にジェイコムウエストに吸収合併されている。

図表5-1からわかるように、規模別には、2,500世帯余りの限定的な地域を対象にした局から、約65万世帯を対象とする大規模局まで幅広い。また開局からの経過年数については、20年近く経つ局から開局1年未満のものまで存在する。設立経緯別には、地上波の難視聴対策、ニューメディア時代の都市型ケーブルテレビ、さらには合併吸収で規模拡大している外資系MSOなど、多岐にわたる。

　このような多様な県内のすべての局に共通するのが、コミュニティチャンネルを放送していることである。コミュニティチャンネルとは、局の放送エリアの情報を専門に扱うチャンネルである。船津（2006）によれば、「地域の催し物や出来事の紹介、演劇、スポーツ、講演会の案内、幼稚園・保育所・学校の様子、美術館や博物館の紹介、また、お祭り、花火大会、マラソン・水泳・カラオケ大会、そして、交通情報、買物情報、さらに、広報、市議会中継、あるいは、災害情報などを提供する」(p.26)チャンネルということなる。類似のチャンネルとして、天気専門チャンネル、文字放送専門チャンネル、行政情報専門チャンネルなどがあるが、本章では地域の情報を扱うオリジナルの自主制作番組放送をコミュニティチャンネルと捉える。兵庫県においては、15分から60分ほどの番組を、少ないところで月に1本、多いところで毎日制作し、リピート放送を行っている。

　他方、ケーブルテレビと競合関係にある地上波テレビ放送は、免許事業であり、原則県単位で免許が交付される。例外は、関東、中京、関西の3つの広域圏で、複数の都府県にまたがって免許が与えられている。大阪に本社をかまえる準キー局と呼ばれる関西広域圏の地上波テレビ局は、大阪、兵庫、京都、滋賀、奈良、和歌山の6府県をカバーしている。人口が多く経済活動も盛んな大都市圏においては、地上波テレビ放送が様々な地域情報を提供す

---

4) かみテレビは市町村合併によって2009年4月よりたかテレビに名称変更し、ケイ・オプティコムに委託、民間の有線役務利用放送（eo光テレビ）となっている。
5) 洲本市の指定管理団体が淡路島テレビジョン、佐用町は姫路ケーブルテレビに業務を全面委託している。
6) 篠山市、淡路市等では、関西電力系のケイキャット（eo光テレビ）が有線役務利用放送を行っている。ケイキャットは2012年10月にケイ・オプティコムに吸収合併された。

図表5-1　2008年の兵庫県ケーブルテレビ局一覧
（兵庫県ケーブルテレビ広域連携協議会加盟局）

2008年4月現在

社名・テレビ局名	サービスエリア（市町名等）	エリア	経営形態（事業形態）	計画世帯数	総加入世帯数
㈱明石ケーブルテレビ	明石市	中核都市	三セク	121,268	47,837
朝来市ケーブルテレビ	朝来市	過疎	公営	12,200	11,515
㈱淡路島テレビジョン	洲本市	過疎	公設民営	19,477	16,795
加東ケーブルビジョン	加東市	過疎	公営	13,811	8,769
神河町ケーブルテレビネットワーク	神河町	過疎	公営	4,082	2,352
かみテレビ	多可町	過疎	公営	3,034	2,148
㈶京阪神ケーブルビジョンすずらんケーブル	神戸市北区の一部	大都市	財団法人	82,010	32,352
㈱ケーブルネット神戸芦屋（こうべケーブルビジョン受託分を含む）	神戸市東灘区・灘区・中央区・兵庫区・長田区・須磨区・垂水区・西区の一部・芦屋市・三木市の一部	大都市	MSO	651,000	447,118
㈱ジェイコムウエスト宝塚川西局	宝塚市の一部・川西市の一部・猪名川町の一部・三田市の一部	大都市	MSO	196,579	134,837
新温泉町ケーブルテレビジョン	新温泉町	過疎	公営	2,561	2,248
BAN-BANテレビ㈱	加古川市・高砂市・稲美町・播磨町	中核都市	三セク	159,620	43,468
姫路ケーブルテレビ㈱	姫路市（夢前町、家島町除く）・太子町・佐用町・加西市の一部	中核都市	三セク	199,783	79,308
佐用町	佐用町	過疎	公設民営	7,217	4,399
姫路市夢前ケーブルテレビネットワーク	姫路市（夢前町）	過疎	公営	7,294	6,640
㈱ベイ・コミュニケーションズ	尼崎市・西宮市の一部・伊丹市	大都市	MSO	472,800	405,315
南あわじ市ケーブルネットワーク淡路	南あわじ市	過疎	公営	17,044	14,994
養父市ケーブルテレビジョン	養父市	過疎	公営	9,881	9,143

注1：ケイ・キャット eo 光テレビは有線役務利用放送事業者のため除外。
注2：総加入世帯は難視聴加入を含む。インターネットのみの加入を除く。
出所：兵庫県ケーブルテレビ広域連携協議会提供資料、「ケーブル年鑑」編集委員会（2008）より筆者作成

るメリットがあるが、その一方で県域のみで地上波民間テレビ局が存在する他の地域と比較して相対的に情報量が少なくなるというデメリットが存在することは第4章第1節で示した。

　つまり、情報のエアポケットとなっている地上波放送の広域圏に属する都府県においては、限定的な地元情報を発信する余地が県域免許の地域よりも大きいと考えられるが、実際、筆者によるヒアリング調査において、東播磨地域を放送エリアとするケーブルテレビ局BAN-BANテレビに設立当初から在籍する職員は、地上波民間テレビにおいて地元情報がなかなかとりあげられないことを、コミュニティチャンネルに力を入れる理由の一つに挙げている。兵庫県内のケーブルテレビ局は地域情報の提供という点では、在阪の地上波テレビ局が十分対応できない分だけ、自局のコミュニティチャンネルを充実できる環境にあるといえる。このような特徴をもつ兵庫県のケーブルテレビ局を横断的に分析することで、今後の国内のケーブルテレビのあるべき姿を模索することができる。

4　評価分析

4.1　調査データ

　本章での分析には、（A）兵庫県ケーブルテレビ広域連携協議会が行った視聴者向けアンケートの個票と、（B）筆者が兵庫県内のケーブルテレビ事業者に実施した制作現場向けアンケートと実地調査を用いる。

　（A）兵庫県ケーブルテレビ広域連携協議会が行ったアンケートは、2008年10月、兵庫県内17のケーブルテレビ局の視聴者を対象に郵送で行われ、総配布数は2,002、回収数は306、回収率は15.3％であった[7]。（B）筆者の事業者向け調査は、2008年11月、17局のコミュニティチャンネルの自主放送番組制作に関わる現場スタッフに対して、スタッフ数、番組制作時間数、課題等、番組制作の現状をヒアリングしたものを一定の基準によってデータ化し

---

[7] ケイ・キャット（eo光テレビ）については協議会オブザーバー会員のため対象外であった。朝来市ケーブルテレビ、京阪神ケーブルビジョン、新温泉町ケーブルテレビジョンは個票数が十分でなかったので省き、14局で比較した。

ている。

4.2 居住エリア別分析
(1) クロス集計

視聴者に対するアンケート質問票では、Q1.コミュニティチャンネルをどのくらい見ているか（視聴頻度）、Q3.コミュニティチャンネルで地元地域情報がどの程度提供されているか（量的満足度）、Q5.コミュニティチャンネルの番組の質についてどう思うか（質的満足度）について質問した。また、局を、その放送エリア市町村の大阪からの距離と人口から、「大都市圏」（50km未満／2万5,000人以上）、「中核都市圏」（50km以上／2万5,000人以上）、「過疎圏」（50km以上／2万5,000人未満）に分類し[8]、それぞれクロス集計したのが図表5-2(1)(2)(3)である。

視聴頻度は、過疎圏において高い。「毎日見る」と「週に2〜3日」をあわせると、過疎圏では75％を占めるが、大都市圏、中核都市圏においては5割に満たない。また、「全く見ない」と答えた人は、大都市圏で21％と最も多い。中核都市圏の中では、「週に1日くらい」が一番多く、35％にのぼる。

量的満足度についても、過疎圏の方が、大都市圏、中核都市圏に比べて評価が高い傾向にある。「多い」と「かなり多い」をあわせると、過疎圏で42％、中核都市圏で31％、大都市圏で16％となる。「少ない」と「かなり少ない」をあわせた数字は大都市圏で39％と他の2エリアに比べ特に高い。

質的満足度は、「普通」という回答がすべてのエリアにおいて5割を超えている。「かなり満足」はすべてのエリアで1割に満たず、「大都市圏」では0である。全体の傾向としては、過疎圏で評価が高く、大都市圏で低いといえる。

(2) 順序ロジットモデルによる回帰分析

ここでは、ケーブルテレビのコミュニティチャンネルの満足度の基礎とな

---

[8] ジェイコムウエスト宝塚川西局のエリアである兵庫県猪名川町は大阪からの距離50km未満／人口2万5,000人未満であるが、大都市圏に分類した。

図表5-2(1) 視聴頻度

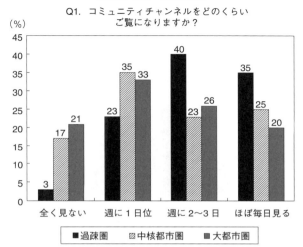

出所：アンケート結果より筆者作成

図表5-2(2) 量的満足度

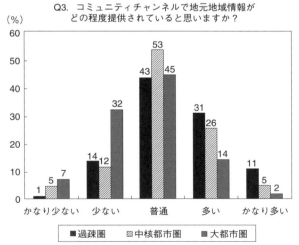

出所：アンケート結果より筆者作成

図表5-2(3)　質的満足度

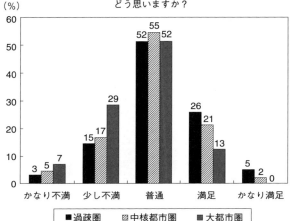

出所：アンケート結果より筆者作成

　る要因を、視聴者のアンケート調査の結果から導出してみよう。まず、被説明変数を視聴頻度、量的満足度、質的満足度とした3つの回帰式について推定を試み、コミュニティチャンネルをこれら3つの評価項目から検証する。説明変数としては、Q4.コミュニティチャンネルで特に見たい番組内容（興味対象）の各項目（Q4.1～4.10）、性別、家族数、年齢、地域（大都市圏、中核都市圏、過疎圏）といった視聴者の属性をとった。

　推定式は以下の通りである。

$$Logit[P(Y \leq j)] = \alpha + \beta_1 x_1 + \beta_2 x_2 + \cdots + \beta_i x_i$$

　　$j=1, \cdots, 3$　（Q1　視聴頻度に関するモデル）
　　$j=1, \cdots, 4$　（Q3, Q5　量と質に関するモデル）

　Y:コミュニティチャンネルの視聴頻度（Q1）
　　　コミュニティチャンネルの量（Q3）
　　　コミュニティチャンネルの質（Q5）

図表5-3　記述統計量

変数	サンプル数	平均	標準偏差	最小値	最大値
Q1.コミュニティチャンネルの視聴頻度	303	1.8548	0.9518	0	3
Q3.コミュニティチャンネルの量	290	2.2103	0.9154	0	4
Q5.コミュニティチャンネルの質	290	2.0379	0.8414	0	4
Q4.1.防災	296	0.1689	0.3753	0	1
Q4.2.観光	296	0.3209	0.4676	0	1
Q4.3.農業	296	0.1486	0.3563	0	1
Q4.4.議会	296	0.2061	0.4052	0	1
Q4.5.グルメ	296	0.2399	0.4277	0	1
Q4.6.娯楽	295	0.2407	0.4282	0	1
Q4.7.介護	295	0.0780	0.2686	0	1
Q4.8.医療	296	0.1757	0.3812	0	1
Q4.9.ショッピング	295	0.1119	0.3157	0	1
Q4.10.その他	296	0.2905	0.4548	0	1
高齢者(60歳以上)	306	0.4118	0.4930	0	1
性別	292	0.6986	0.4596	0	1
家族構成	292	3.0411	1.0009	1	4
中核都市圏(ダミー)	306	0.1569	0.3643	0	1
過疎圏(ダミー)	306	0.6340	0.4825	0	1

出所：筆者作成

x_i：コミュニティチャンネルで特に見たい番組内容（Q4　防災、観光等の10カテゴリー），

性別（男 1，女 0），

家族構成，

高齢者（60歳以上 1，60歳未満 0），

地域（大都市圏, 中核都市圏, 過疎圏）

図表5-3が記述統計量を、図表5-4(1)(2)(3)が推定結果を示している[9]。

図表5-4(1)の視聴頻度を被説明変数とした推定結果では、「過疎圏ダミー」（5％水準）が正に有意となっている。また、興味対象では、「医療」が正に有意（10％水準）であるが、それ以外の対象は有意でない。図表5-4

---

9) 有意な変数のみを残し再度推定しても結果は大きく変わらなかった。したがって、ここではすべての変数を入れて推定した結果を記載した。

図表5-4(1)　推定結果　＜Q1　視聴頻度＞

Q1	係数	標準誤差	z値	p値
Q4.1. 防災	-0.4644	0.3279	-1.42	0.157
Q4.2. 観光	-0.0937	0.2639	-0.35	0.723
Q4.3. 農業	0.2984	0.3395	0.88	0.380
Q4.4. 議会	0.3487	0.3066	1.14	0.255
Q4.5. グルメ	-0.1612	0.3047	-0.53	0.597
Q4.6. 娯楽	0.2849	0.2853	1.00	0.318
Q4.7. 介護	-0.4681	0.5053	-0.93	0.354
Q4.8. 医療	0.6162*	0.3621	1.70	0.089
Q4.9. ショッピング	0.1705	0.4023	0.42	0.672
Q4.10.その他	-0.0115	0.2764	-0.04	0.967
高齢者(60歳以上)	0.1209	0.2780	0.44	0.664
性別	0.3438	0.2592	1.33	0.185
家族構成	0.0866	0.1347	0.64	0.520
中核都市圏(ダミー)	0.1361	0.4065	0.33	0.738
過疎圏(ダミー)	0.8285**	0.3303	2.51	0.012
/cut1	-1.4850	0.5732		
/cut2	0.5498	0.5498		
/cut3	2.1498	0.5631		
サンプル数		269		
対数尤度		-328.868		
疑似決定係数		0.0376		

注：***、**、*はそれぞれ有意水準1％、5％、10％をさす
出所：筆者作成

(2)の量的満足度を被説明変数とした場合は、「過疎圏ダミー」が1％水準で、「中核都市圏ダミー」が5％水準で正に有意である。興味対象では「介護」が10％水準で負に有意である。図表5－4(3)での被説明変数が質的満足度のケースでは、「過疎圏ダミー」が1％水準で、「中核都市圏ダミー」が10％水準で正に有意である。「高齢者（60歳以上）」は10％水準で正に有意である。興味対象では、「観光」が正に、「議会」が負に、それぞれ10％水準で有意となった。以下では、これらの結果をより詳細に検討する。

(3) 推定結果からの考察

上記の結果から、まず読み取れるのは、コミュニティチャンネルは、過疎圏ほどニーズや満足度が高いことである。大都市圏においては、地上波テレ

図表5-4(2) 推定結果 ＜Q3 量的満足度＞

Q3	係数	標準誤差	z値	p値
Q4.1. 防災	0.0130	0.3407	0.04	0.970
Q4.2. 観光	0.2683	0.2695	1.00	0.319
Q4.3. 農業	-0.0301	0.3537	-0.09	0.932
Q4.4. 議会	-0.4456	0.3115	-1.43	0.153
Q4.5. グルメ	0.0410	0.3158	0.13	0.897
Q4.6. 娯楽	-0.0370	0.2911	-0.13	0.899
Q4.7. 介護	-0.9431 *	0.5621	-1.68	0.093
Q4.8. 医療	0.4602	0.3627	1.27	0.205
Q4.9. ショッピング	-0.4545	0.4033	-1.13	0.260
Q4.10. その他	0.2275	0.2887	0.79	0.431
高齢者(60歳以上)	-0.2427	0.2827	-0.86	0.391
性別	0.2401	0.2711	0.89	0.376
家族構成	0.0054	0.1394	0.04	0.969
中核都市圏(ダミー)	1.0462 **	0.4076	2.57	0.010
過疎圏(ダミー)	1.4983 ***	0.3425	4.37	0.000
/cut1	-2.6353	0.6756		
/cut2	-0.3159	0.5832		
/cut3	1.9219	0.5981		
/cut4	3.7426	0.6321		
サンプル数		261		
対数尤度		-328.03		
疑似決定係数		0.0492		

注：***、**、*はそれぞれ有意水準1％、5％、10％をさす
出所：筆者作成

ビ放送の番組でも地域の情報が扱われることが多いが、過疎圏がとりあげられる頻度は極めて少ない。つまり、もともと需要が高いにもかかわらず、供給が少ないから、よりニーズが高く、また「放送してくれた」ということに対する満足度も高く顕示されたと考えられる。

逆に、大都市圏においては情報の供給が多いので、相対的にコミュニティチャンネルの情報量は少ないと感じられるのかもしれない。今後さらに大都市圏のコミュニティチャンネルの番組内容を検討する必要があろう。大都市圏のケーブルテレビ局は、MSOの形態をとっているところがあり、近隣の県外の複数局を統括運営するので、コミュニティチャンネルにおいても、傘下の複数局で番組を共有するケースが多くみられる。この場合「地域密着番組」といっても、真に居住エリアの地域情報とならない場合もあり、量的満

図表5-4(3) 推定結果 ＜Q5 質的満足度＞

Q5	係数	標準誤差	z値	p値
Q4.1. 防災	-0.3544	0.3532	-1.00	0.316
Q4.2. 観光	0.5201 *	0.2782	1.87	0.062
Q4.3. 農業	0.3553	0.3690	0.96	0.336
Q4.4. 議会	-0.6460 *	0.3297	-1.96	0.050
Q4.5. グルメ	-0.2460	0.3255	-0.76	0.450
Q4.6. 娯楽	0.3947	0.2885	1.37	0.171
Q4.7. 介護	-0.7752	0.5377	-1.44	0.149
Q4.8. 医療	0.3167	0.3775	0.84	0.401
Q4.9. ショッピング	-0.0396	0.4081	-0.10	0.923
Q4.10. その他	0.1760	0.2842	0.62	0.536
高齢者(60歳以上)	0.4852 *	0.2903	1.67	0.095
性別	-0.0450	0.2744	-0.16	0.870
家族構成	0.1303	0.1413	0.92	0.357
中核都市圏(ダミー)	0.7204 *	0.4189	1.72	0.085
過疎圏(ダミー)	0.9390 ***	0.3452	2.72	0.007
/cut1	-1.9565	0.6351		
/cut2	0.0197	0.5800		
/cut3	2.5418	0.6051		
/cut4	4.7967	0.6809		
サンプル数		261		
対数尤度		-309.46		
疑似決定係数		0.0456		

注：***、**、* はそれぞれ有意水準1％、5％、10％をさす
出所：筆者作成

足度が得られていないと考えられる。

　質的満足度については、大都市圏に比べ、過疎圏、中核都市圏の順に、高い評価結果が出てはいるが、クロス集計では量的満足度に比べると全体として好意的評価が低くなり、その分「普通」という評価が増えている（図表5-2(2)(3)参照）。このことから、質に関しては、視聴者は一抹の物足りなさを感じていることが窺える。

　興味対象に関しては、「医療」をコミュニティチャンネルで見たいと思っている人ほど視聴頻度が高く、「介護」を見たいと思っている人ほど量的に満足しておらず、「観光」を見たいと思っている人ほど質的満足度は高く、「議会」を見たいと思っている人ほど質的満足度が低いという結果であるが、いずれも有意水準は10％であり、今後、サンプル数を増やし、また質問項目

を精査することで、より詳しい視聴者動向をみる必要がある。

　以上、コミュニティチャンネルの自主制作番組についての視聴頻度、量的・質的満足度を、視聴率の代理変数として捉え、どのような要因がそれに影響しているかを、視聴者側の視点から分析した。次に、局別の評価をみるため、調査データ（B）から情報の送り手であるケーブルテレビ事業者側の個別の条件をとりあげ、さらには調査データ（A）の視聴者の自由記述回答を加味して、どのような事業者が良い評価を受けているのかを検討する。

4.3　局別分析
(1) ケーブルテレビ事業におけるコミュニティチャンネル

　コミュニティチャンネルにおける自主制作番組は、ケーブルテレビ事業の免許要件として、放送することや番組の数や時間が義務づけられているわけではなく、その取り組み姿勢は事業者によりばらつきがある。公設公営型の局では、行政サービスの一環として役所の一部署で役所の職員が番組制作業務にあたり、MSO型の局では「地域情報化」の設置目的を満たすためだけに、いわばそのコストとしてミニマムな制作体制で臨んでいるところもある。中核都市に多くみられる第三セクター型の局では、競合サービスとの差別化のためコミュニティチャンネルの充実を重要課題と位置づけるところが増えてきている。

　いずれにしろ、番組制作は単純作業ではなく、簡単に供給量を増やしたり減らしたりできるものではない。長期展望で人材を育て、番組制作のノウハウを蓄積し、計画的に機械設備を更新し、地道に地域の人々との信頼関係を築いていくことで視聴者の評価を得る番組作りが実現していくのである。しかしながら、これまでケーブルテレビ局はこうした番組制作を行ってきたとは必ずしもいえない。例えば、公設公営型では数年ごとに人事異動で職員が入れ替わり、民間型では番組制作よりも加入促進という営業活動に人材を投入してきた。また、地域の人々がどんな情報を欲しているかというニーズに関しても、コストをかけて調査を行う局はまれである。

　ケーブルテレビ局は現在、「地域密着サービス」のコミュニティチャンネルにどこまで注力するか、地域のニーズ、自らの戦略に照らして、この理念

を再構築するときにきているが、コミュニティチャンネルへのインプットが、視聴者の評価にどのようにつながっているか、以下で分析を試みる。

(2) 局別満足度と局属性との相関分析

　Ｑ３の量的満足度とＱ５の質的満足度の５段階評価を、「かなり多い」「かなり満足」に５点、「多い」「満足」に４点、「普通」に３点、「少ない」「少し不満」に２点、「かなり少ない」「かなり不満」に１点を与えスコア化し、局ごとの満足度の平均値を算出した。局のコミュニティチャンネルへの注力（インプット）の指標としては、調査データ（Ｂ）より週間の自社制作番組時間と番組制作スタッフ人数を採用した。なお、これ以外にも、番組制作費や設備・機材等が変数として考えられるが、前者は以下の理由から、すべての局についてデータを得ることができなかった。つまり、公営型の局では、「番組制作費」という形で計上を行っておらず、また、MSOはデータを公表していない。設備・機材については、整備費用が公的補助により賄われているところも多く、必要以上の設備を購入するなど、必ずしもすべての機材が番組制作に有効に活用されているわけではない[10]。このため、設備・機材は分析から除外した。

　以上の他に、満足度に影響を与える可能性のある局の属性としては、調査データ（Ｂ）より開局からの経過期間と加入率をとりあげた。

　図表５-５にこれらの変数を局別に要約した。また図表５-４のデータから、量的満足度、質的満足度それぞれについて、①開局からの経過年数、②加入率、③週間自社制作番組時間（１加入世帯当たり）、④番組制作スタッフ人数（１加入世帯当たり）との相関分析を行った結果を図表５-６に要約した。本章の分析では兵庫県内の局に限定したため、サンプル数が回帰分析を行うには十分でないため、次善の策として相関分析を試みた。

　図表５-６に示された相関分析の結果は、以下のように要約することができる。

---

[10] 南あわじ市ケーブルネットワーク淡路にヒアリングしたところ、2,000万円で2001年度より導入した中継車の2009年６月時点での出動事例は１回である。

図表5-5　満足度の平均値とコミュニティチャンネルの供給体制

	量的満足度平均値	質的満足度平均値	経過月数（開始－2008.12.31）＜months＞	総加入世帯／計画世帯＜%＞	週間自社制作番組時間＜hours＞	番組制作スタッフ人数＜人＞
㈱明石ケーブルテレビ	3.25	3.11	172	37	5	6
㈱淡路島テレビジョン	3.19	2.59	177	86	2.7	7
加東ケーブルビジョン	3.35	3.18	9	63	8	13
神河町ケーブルテレビネットワーク	3.64	3.50	81	58	1.5	8
かみテレビ	3.83	3.45	144	71	1.8	5
㈱ケーブルネット神戸芦屋	2.67	2.83	170	69	15.8	4
㈱ジェイコムウエスト宝塚川西局	2.62	2.64	134	69	3	30
ＢＡＮ－ＢＡＮテレビ㈱	2.88	3.00	145	27	15	12
姫路ケーブルテレビ㈱	3.13	2.87	201	40	5	6
佐用町	3.05	2.70	9	61	1.5	0
姫路市夢前ケーブルテレビネットワーク	3.39	3.32	37	91	0.25	4
㈱ベイ・コミュニケーションズ	2.94	2.76	216	86	8	19
南あわじ市ケーブルネットワーク淡路	3.00	3.08	93	88	5.5	9
養父市ケーブルテレビジョン	3.34	3.38	93	93	2	8
平均	3.16	3.03				

注1：兵庫県ケーブルテレビ広域連携協議会、筆者のヒアリング調査から作成
注2：週間自社制作番組時間はリピート放送を除く
出所：筆者作成

図表5-6　局属性と満足度の相関分析結果

	Q3. コミュニティチャンネルの量	Q5. コミュニティチャンネルの質
開局からの経過年数	−0.0650	−0.1693 ***
加入率（総加入世帯／計画世帯）	0.0633	0.0822
週間自社制作時間（1加入世帯当たり）	0.2001 ***	0.1456 **
番組制作スタッフ（1加入世帯当たり）	0.2845 ***	0.3091 ***

注：***、**、*はそれぞれ有意水準1％、5％、10％をさす
出所：筆者作成

第5章　コミュニティチャンネルの評価分析

①開局からの経過年数については、質的満足度において1％水準で負に有意となった。長く放送している局ほど、コミュニティチャンネルに対する質の満足度が低いことになる。この理由として、筆者のヒアリング調査から、「最初は自分の子供の学校が映っているというだけで喜んでくれたが、だんだんと視聴者の目が肥えていき、クオリティへの要求が高くなってきている」という声が聞かれた。つまり、長期間コミュニティチャンネルを放送している局ほど、視聴者の満足度の要求が高くなり、それに対応した番組ができなければ視聴者の評価は下がることを示している。

②加入率については、コミュニティチャンネルに対する質と量の双方とも相関は有意でない。地域のケーブルテレビの加入率が高いほど、地域でコミュニティチャンネルを共通の話題とできる人が多いはずではあるが、満足度との相関は今回の調査では明らかにならなかった。

③加入世帯当たりの週間自社制作番組時間と④番組制作スタッフ人数については、量の満足度も質の満足度も1％水準で正に有意となった。スタッフを多く投入し、より多く番組を作ることが、視聴者の満足度を高めている。つまり、ケーブルテレビ局がコミュニティチャンネルの自社制作番組に力を入れることが、視聴者の良い評価につながっていることが実証された。

(3) 局別分析からの考察

回帰分析や相関分析では県下のコミュニティチャンネルの平均像は把握できても、個々のケーブルテレビ局の状況は検討できない。そこで、ここではアンケートの局ごとの満足度から各局の相対的な状況を、視聴者アンケートでの自由回答をも参考にして検討する。

図表5-7は横軸に量の満足度、縦軸に質の満足度をとり、それぞれ全体の平均値との差異を表した散布図である。量的満足度、質的満足度両方の評価で上位5位を占めたのは、過疎圏の公営型の局である。これらの局の回答者は、Q4の「コミュニティチャンネルで見たい番組内容」の質問に「その他」として「地域情報」を挙げた人が多い。「その他」にチェックした38人中32人が、「地元行事」や「地元行政情報」等と記述している。つまり、過疎圏の公営型の局にはコミュニティチャンネルの地域情報番組に期待してい

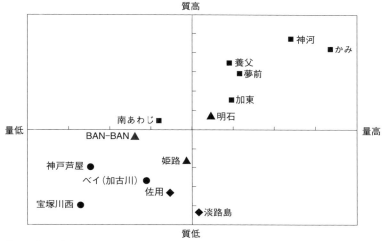

図表5-7　局別の満足度分布図

注1：平均は、量的満足度で3.16ポイント、質的満足度で3.03ポイントである。
注2：■：公営、▲：三セク、◆：公設民営、●：MSO
出所：筆者作成

る人が多く、また、それが提供されることで満足度が高く示されていると考えられ、これは、推定分析結果からの考察と一致する。

　行政系では、佐用町（佐用）だけが量的、質的満足度ともに平均を下回った。佐用町は、公設民営という特殊な形態をとっている。設備は町が設置しているが、指定管理者制度を活用し運営は民間の姫路ケーブルテレビに委託している。このため、コミュニティチャンネルの地域番組制作についても、公営の局では市町の職員が携わっているのに対し、佐用町で制作に関わるスタッフはおらず「外注」での制作となっている。放送開始1年未満ということもあり、外部スタッフが町内のケーブルテレビへの要望を十分に汲みきれていないと思われる[11]。

　量的満足度において最もポイントが低かったのはジェイコムウエスト宝塚

11）佐用町では、地元住民の視点で災害を記録しようという観点から、2009年8月9日に発生した台風9号による豪雨被害を地元ボランティアが取材し、その映像をケーブルテレビで放映した。こうした試みが積み重なっていけば視聴者の満足度も向上すると期待される。

川西局（宝塚川西）、次がケーブルネット神戸芦屋（神戸芦屋）であり、ともに大都市の MSO である。前者は質的満足度においても13位と低迷し、総合的に最も評価が低い局ということになる。視聴者アンケートでの自由回答でも、「地域密着の番組を増やすべき」、「同じ内容のものが多い」、「独りよがりな内容が多い」、「魅力的な番組がない」、「音質・画質が悪い」といった視聴者の厳しいコメントがみられる。ここからは番組が地域密着となっていないという評価に加え、リピート放送や「見栄え」への不満が見て取れる。以上の2局については、コミュニティチャンネルの番組が様々なメディアに触れる機会の多い都会の視聴者の要求を満足させていないと思われる。

　図表5-7で特に注目に値するのは、淡路島テレビジョン（淡路島）のスコアである。量的満足度に関しては平均を上回っているのに、質的満足度が最下位となっている。回答者からの自由記述をみると、「グルメ番組が放送されていない」、「民放のような明るさがない」、「行政に片寄りすぎている。面白味に欠けるところがある」、「もう少しエンターテインメント性を出してほしい」、という番組の内容に関するものだけでなく、「もう少し解説またはテロップがあった方がいいのでは」、「VTR の編集が下手、素人レベル」、「インタビューをする人の質問が下手で、準備不足、勉強不足」といった番組制作のテクニックについての指摘も散見される。同局は、1994年4月の開局と、県内では姫路ケーブルテレビ（姫路）に次いで古い歴史をもち、視聴者の目も肥え、内容に関する要求も高まってきていると考えられるが、以上の自由記述は相関分析の結果を支持していると思われる。

5　まとめ

5.1　インプリケーション

　本章では、ケーブルテレビの地域メディア機能の現状のパフォーマンスをみるため、多様な地域特性をもつ兵庫県内のケーブルテレビ局をとりあげ、そのコミュニティチャンネルに着目して、視聴者、番組供給者の双方から評価分析を行った。視聴者アンケートの個票による回帰分析からは、居住エリア別に見て過疎圏は、中核都市圏、大都市圏に比べ、コミュニティチャンネ

ルに対する評価が高いことがわかった。地上波民間テレビ放送において広域圏に属する兵庫県には、在阪の準キー局が近畿6府県に放送しているテレビ番組が放送されており、そこで兵庫県の過疎圏の地域情報がとりあげられることが少ないことが、ケーブルテレビへのニーズや満足度を高めていると推察できる。

　また、大都市圏では、ラジオ、雑誌、フリーペーパーなど、地域情報を提供する他のメディアが豊富にあるが、過疎圏での情報源は限られていることや、近隣の府県に通勤するなど移動範囲が広い大都市圏よりも、地域に根ざして生活するケースが多い過疎圏の方が、より地域情報を欲していることも背景としてあるのではないか。局別の満足度比較においも、過疎圏の公営型の局が上位を占めており、見たい番組として「地域情報」を挙げる人が過疎圏の公営型の局の視聴者に多く見られた。

　供給者分析からは、番組制作スタッフを多く投入し、より多く番組を作ることが、視聴者の満足度を高めているという結果が得られた。また、開局からの経過年数が長いほど質的満足度が低くなるという相関もみられ、長く見ているほど視聴者の質に関する欲求が増すと解釈できる。

　以上の結果から、過疎圏の公営型の局においては、コミュニティチャンネルの継続とさらなる充実が不可欠であるといえる。そのためには、数年ごとに人事異動で制作スタッフが入れ替わる体制を見直し、スタッフを増員し、より多くの視聴者に飽きられない番組を制作していくことが必要である。昨今の厳しい地方自治体の財源事情からケーブルテレビに投入する予算にも限界があり、他方、加入者から徴収する料金を引き上げることも容易ではないことから、地域のスポンサーを開拓するなど、番組制作費を確保する自助努力も重要である[12]。

　一方、コミュニティチャンネルの視聴頻度、質的満足度、量的満足度、すべてにおいて低い大都市圏のMSOについては、「地域メディア機能」を過疎圏の局とは違った形で展開する道を模索するべきである。広範囲に複数の

---

[12] 鳥取県米子市の中海テレビでは、コミュニティチャンネルのCM料金を15秒当たり270円と安価に設定することで多様なスポンサーを集めている。これにより年間約8,300万円の広告収入が得られ、番組制作費と見合う額となっている（深野木・坪田, 2009）。

市町をカバーするMSOにとって「地域密着」番組内容を絞り込むのは困難であり、近隣の府県に通勤するなど移動範囲の広い視聴者の欲する「地域情報」は一様ではない。過疎圏の公営型の局のように地域の小学校の運動会を放送することでは評価は得られない。一案としては、コミュニティチャンネルとしていくつかのチャンネルをカバーするエリア内外の自治体や団体に提供し、それぞれに地域情報番組を制作してもらうスタイルが考えられる。こうした方法により、巨大化したMSOの職員が自分たちで番組制作するよりもきめ細やかな地域情報を拾い上げていくことが可能となろう。

本章の分析では、中核都市圏の第三セクターの局については、考察の対象となるような分析結果があまり得られなかった。しかし、第4章第1節でみたように、熊本県と同規模の人口で、文化・経済においても一定のパワーをもつ兵庫県播磨地域等では、地上波テレビを代替するメディアとして活躍する余地がケーブルテレビにはあると推察される。在阪の地上波テレビ局が提供できない日々の生活情報や、災害時等の緊急情報といった、真に地域に役立つ情報を機敏に提供していくことで、ケーブルテレビ局の存在感は増すと思われる。そのためには、コミュニティラジオ、インターネットサイト、ミニコミ紙など地元のあらゆるメディアと連携して情報を発信していくなど、広域圏の地上波テレビ局が実現できない中規模の都市にふさわしい戦略を模索すべきである[13]。

---

13) 東播磨地区のBAN-BANテレビは、サービス区域制限の緩和を受け近畿ではじめて複数市町村（加古川市・高砂市・稲美町・播磨町）をエリアとする広域都市型ケーブルテレビとして事業認可を受けた。高校野球の予選大会、地元の祭り、花火大会、地域の寺社からの「ゆく年くる年」等の生中継や、地方選挙の開票速報といった、在阪の地上局がとりあげない地域情報に力を入れている。また、マスメディア集中排除原則緩和を受け、2007年4月にコミュニティFM局「BAN-BANラジオ」を開局させているが、これは、2004年の台風被害の際に、停電時にケーブルテレビが役目を果たさなかった教訓から、ラジオとの連携の必要性を感じてのことである。ラジオでは現在、平日の毎朝7時～10時に「あさスパ！」という地域の話題や交通情報を伝えるライブの情報番組を放送しているが、7時～8時55分まではラジオスタジオにライブカメラを設置しケーブルテレビでも同時放送している。「他社との競合でインフラ事業を失ったとしても、地域コンテンツを担うソフト集団として生き残っていきたい」との関係者の話。

5.2　課題と展望

　本章では、多変量解析の手法でアンケートデータを分析することによりケーブルテレビのコンテンツサービス機能について社会情報学的アプローチを試みたが、使用したデータの性質や制約からいくつかの課題も残った。

　第一に、本章の分析に用いた兵庫県ケーブルテレビ広域連携協議会が視聴者向けに行ったアンケートは、事業者が視聴者の動向を知るための調査であり、研究用にデザインされたものではなくそれを用いた分析には限界があった。特に、視聴者属性と興味対象に関しての質問項目が不十分であり詳細な考察ができなかった。また、本推定結果の疑似決定係数の値は低く、本アンケート結果が母集団の動向をどこまで伝えているかという点では留意が必要である。しかしながら、複数の局の多様な視聴者に横断的に調査を行うことは有用であり、今後研究用に精査されたアンケート調査を実施することを視野に入れたい。

　第二に、局別の属性からみた分析においては、兵庫県内の局に限定したため十分なサンプル数が得られず相関係数をみることにとどまった。地上波テレビ放送の情報提供条件を一定にする点で単一県内のケーブルテレビ局に絞ることに意義はあったが、回帰分析を試みるために複数の都道府県にまたがって調査することも課題としたい。関西広域圏の6府県に範囲を広げることが次のステップとして考えられる。

　第三に、各局のコミュニティチャンネルの制作費を把握することができず、費用対効果の視点が盛り込めなかった。MSOはそのようなデータを公開しておらず、町職員が番組制作にあたっている公営局では制作費という概念すらなく全く計上していない。こうしたケーブルテレビ業界の慣例が、客観的な評価分析を困難にしている。

　手厚い公的補助により世帯普及率が50％に迫るまで整備されたケーブルテレビ網と、そこでこれまで一定の成果を上げてきたコミュニティチャンネルは、今後も大いに活用されるべきものである。そのためには、視聴者の客観的評価を知ることは不可欠であり、地上波放送の視聴率のような指標の導入が待たれる。第一段階として、事業者ごとに、あるいは広域連携協議会のような団体単位で、専門家による社会調査を行うことが望まれる[14]。さらに、

一般の事業会社や放送局が用いているような会計基準に従って、コミュニティチャンネル運営の収支を明確にすることも必要になる。

　放送と通信の融合時代が到来し、類似のサービスが様々な新しいメディアにより提供されている今日、真に地域情報の拠点となるための転換点にきているケーブルテレビに今後も注目していきたい。

参考文献

「ケーブル年鑑」編集委員会（2009）『ケーブル年鑑2009』サテマガBi.

佐野匡男（2008）『ケーブルテレビ・未来の記憶――放送と通信を駆ける』改訂版, サテマガBi.

塩谷さやか（2006）「ケーブルテレビ事業における広域化・規模拡大策の実証分析および公的支援策改革の基本的方向性」『公益事業研究』第58巻第1号, 公益事業学会, pp.35-46.

宍倉学・春日教測（2007）「有料放送市場におけるプラットフォーム間競争――間接ネットワーク効果と互換性の影響」『国民経済雑誌』第198巻第5号, 神戸大学, pp.29-45.

実積寿也・中村彰宏（2002）「効率化インセンティブと整合的な政策補助スキームの検討」『公益事業研究』第53巻第3号, 公益事業学会, pp.11-18.

深野木優太・坪田知己（2009）「『地域貢献』を掲げるケーブルテレビ――鳥取県米子市の中海テレビ放送」日経デジタルコア（http://www.nikkeidigitalcore.jp/archives/2009/02/35.html, 最終確認日2009年8月30日）.

船津衛（2006）「コミュニティ・メディアの現状と課題」『放送大学研究年報』第24号, 放送大学, pp.25-33.

14）佐野（2008）は科学的に裏付けられた社会調査、マーケティング調査が望まれるとしている。

第 3 部

地域情報発信の供給分析

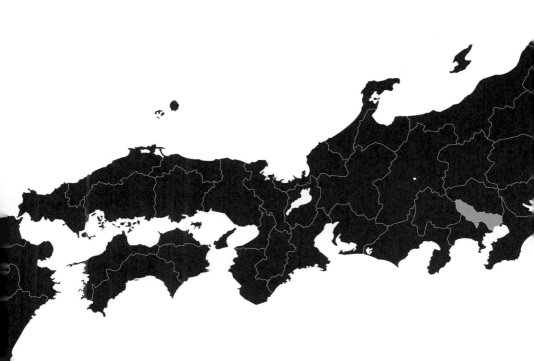

第6章
基幹ローカルテレビ局経営の比較分析

　本章では、ローカルテレビの再構築にあたり鍵を握る可能性がある「基幹局」に焦点をあて、その経営状況を検証する。設立経緯、資本関係、放送地域、所属ネットワーク等によって、局ごとに放送事業への取り組みは違っており、どういった特徴をもつ局が良好な経営状態にあるかを知ることは重要である。なお、ここでいう良好な経営状態とは、単に利益を上げているということだけではなく、地域情報充実に貢献できているかという視点も重視する。そして検証を通して、地域情報発進力強化のためにローカルテレビがとるべき経営と政策的含意を導く。

1　基幹放送

　情報産業全体のパラダイムシフトが意識される中、実に60年ぶりに法体系の見直しが行われた。2010年改正放送法では、デジタル化の進展に対応した合理化を行うという意図のもと、それまで8つあった通信・放送関連法を4つに統合した。ただ、新しい制度設計の中でも既存の地上波民間テレビ事業者は「基幹放送[1]」として現状のまま事業を継続できるようになっている[2]。

---

1) 山下（2000）が「基幹放送」の概念とその使われ方の変遷についてまとめている。また、菅谷（2013）は伝送路によって「基幹放送」と「一般放送」を区別するのではなく「日常生活に必需な情報」＝「価値財」を提供しているかどうかを基準とすることを提案している。

つまり、「基幹放送」を「放送用に専ら又は優先的に割り当てられた周波数を利用する放送」として一般放送と区別する制度設計を行った。

この理由として、①地上波民間テレビは相対的な媒体価値が下がったとはいえその影響力は依然として大きくかつ市場シェアについては圧倒的であること、②これまで蓄積されたノウハウ、ジャーナリズム機能、一斉同報性といったマスメディア機能をすぐに代替できる他メディアが存在しないこと、③公共の利益のためには段階的な規制緩和が望ましいと判断されたこと等が考えられる。今後、情報産業の再編が進むにしても、既存の地上波民間テレビ事業者が何らかの役割を担っていくことが想定されているのである。地上波民間テレビ事業者側も従来より自らを基幹メディアと位置づけ、「社会の基本的な情報を国民・視聴者全体に公平かつ安価に届ける」（社団法人日本民間放送連盟, 2006）ことをその役割と自認してきた。公益性と民間企業としての収益性を両立させることが常に地上波民間テレビ事業者の命題である。

しかしながら、地上波民間テレビ局の経営環境は厳しさを増している。2009年（1月〜12月）のテレビ広告費は前年比89.8％で5年連続して前年を下回った。2010年には前年比101.1％となったものの、総広告費に占める割合を10年前の2000年と比べると、約34.0％から約29.6％まで下落している[3]。これは、リーマンショック後の短期的な景気の落ち込みだけではなく、デジタルテクノロジー革新がもたらした放送と通信の融合により成長著しいインターネット媒体との競争激化、地デジ投資の負担等、放送を取り巻くメディア環境全体の変化に起因している。今後、地上波民間テレビにおいては従来のビジネスモデルの見直しが急務となっている。特にこの構造変化は、経営基盤の脆弱な小規模ローカル局に大きな影響を与えると予想され、その存続

---

2) 小泉内閣時代の竹中平蔵総務大臣（当時）が2006年1月に設置した「通信・放送の在り方に関する懇談会」の議論の中で、日本民間放送連盟は地上波放送を「基幹放送」と定義する意見を述べた。その後、この懇談会の答申を受け、2006年6月の「通信・放送の在り方に関する政府与党合意」の中では、「通信と放送に関する総合的な法体系について、基幹放送の概念の維持を前提に早急に検討に着手し、2010年までに結論を得る」と記されている。今回の法改正もこの考え方が引き継がれている。

3) 電通の「2010年日本の広告費」によると、同時期にインターネット広告費は0.9％から10.4％まで上昇している。

が危ぶまれている。

　このような中で、2008年には認定持株会社方式による事業の再編が可能となり、2010年には、これまで省令で定められていたマスメディア集中排除原則を放送法に明記した上で、出資比率規制が「5分の1未満」から「3分の1未満」に緩和され、放送エリアを越えて大規模局が小規模局を傘下に収めて経営支援できる法改正がなされた。

　この規制緩和を受けて、2008年4月に、フジ・メディア・ホールディングス、TBSホールディングスが認定持株会社に移行し、次いで、2010年10月にテレビ東京ホールディングス、2012年10月に日本テレビホールディングス、2014年4月にテレビ朝日ホールディングスが誕生し、在京キー局はすべて認定持株会社となった。地方局としては、中部日本放送が2014年4月に認定持株会社に移行している。

　これらが小規模ローカル局を傘下におさめた例はまだないが、こうした業界再編に向けた動きは、圧倒的な競争力をもつ在京キー局が主導することになるだろう。しかし、一極集中を防ぎ、多元的で多様的な放送を実現するためには、在京キー局以外のリーダーシップも望まれるところである[4]。この役割を期待されるのが、ローカル局の中でも「基幹局」と呼ばれる放送事業者である。本章では、この「基幹局」に着目し、その経営状況を検証する。ところで、「基幹局」は先述の「基幹放送」とは全く別のタームであり、次節で詳しく記述する。

2　基幹局

　基幹局とは、各ネットワーク系列において東京キー局に次いで中核的な役割を担う放送局である。基幹局の構成は、民放ニュースネットワークによって若干の違いがある。図表6-1の通り、関西・中京・北海道・福岡は共通しているが、宮城・静岡・広島を含めるところと含めないところがある。本

---

[4]「放送法等の一部を改正する法律の施行に伴う関係省令等の整備について」（総務省・2008年1月）の参考資料が、「認定放送持株会社」として、すべてローカル局の場合を示しているように、制度上は在京キー局を含まない形での合併も念頭に置かれている。

図表6-1 民放ニュースネットワークの基幹局(関東以外)

	北海道	宮城	静岡	中京	関西	広島	福岡
JNN	○	×	×	○	○	×	○
NNN	○	○	×	○	○	○	○
FNN	○	○	○	○	○	○	○
ANN	○	○	×	○	○	×	○

注:JNN は TBS 系列、NNN は日本テレビ系列、FNN はフジテレビ系列、ANN はテレビ朝日系列である。
出所:筆者作成

稿では、NNN 系列の基幹局の定義を採用している[5]。ちなみに、NHK は東京以外に「拠点局」として、札幌・仙台・名古屋・大阪・広島・松山・福岡の放送局を位置づけている。

　基幹局は、各ネットワーク系列で関東圏に次いで大きなマーケットである関西、中京、北海道、宮城、広島、福岡の地域で、それぞれの周辺地域ブロックのまとめ役となっている。つまり、立地する地域にある程度の経済基盤があり、一定の制作力をもつ放送事業者であるといえる。

　しかしながら、基幹局は他の地上波テレビ局と同様、開局以来、放送免許で決められたエリア内でその域内の数局の少数事業者と競争していればよく、また種々のネットワーク協定等の競争制限[6]の下で経営を行い、自らの経営資源や経営環境についてその強みや弱みを詳細に分析する必要もなく、これまでの枠組みを越えた経営は全く視野に入っていなかった。今後業界再編が進む中で、基幹局が経営の現状を客観的に分析し、把握することは不可欠となってきた。とりわけ、地方分権の機運の高まりの中、放送が地域性を担保・強化することは重要である。

　本章では、こうした問題意識に基づき、在京キー局主導の再編とは別のシナリオを模索するために、再編のキープレーヤーとなり得る基幹局の経営状

---

5) 鈴木(2004)は関西・中京を別にして、北海道・宮城・静岡・岡山香川・広島・福岡を基幹局としている。
6) JNN では他系列には一切ニュース素材を提供しないことや参加局は他系列のニュースを放送しないという排他協定が結ばれている。また NTV(日本テレビ)の業務協定では、参加局はキー局のネット番組について同一時間帯に放送することが義務化されている(社団法人日本民間放送連盟, 1997)。

況を検証することを目的とする。その際、民主主義に不可欠な多元性、多様性、地域性といったマスメディア機能の担い手としての役割をも重視する。

3 基幹局エリアの放送事業の概観

ここで、対象としている基幹局の各地域の放送事業について概観しておきたい。本章は4大ネットワークとされるTBS系、日本テレビ系、テレビ朝日系、フジテレビ系の系列局を対象としており、これに該当する事業者を中心に記述する。なお、データや記述は特別な記載がない限り2009年当時のものである。

3.1 北海道エリア

北海道内の世帯数は約264万世帯[7]で、単一道県免許のエリアとしては最も多い世帯を抱えている。また、日本の国土の22%を占める広大な面積をカバーするためアナログ放送電波の中継局数が124と突出して多く、これは宮城の3.5倍である（社団法人日本アドバタイザーズ協会, 2008）。地上波民放は5局地区で、開局順では、北海道放送（HBC）、札幌テレビ放送（STV）、北海道テレビ放送（HTB）、北海道文化放送（UHB）の4大ネットワーク系列局と、テレビ東京系のテレビ北海道（TVH）となる。地上デジタル放送設備投資に関して、その広いエリア面積のため極度に重い負担となっている。三大広域圏以外の民放ローカル局112社の1社当たり平均投資額が54億円と見積もられている中で[8]、北海道のローカル局は1社当たり100億円を超える投資が必要と見込まれており、それでも自力建設困難な地域が残るという（天野, 2009）。なお、北海道地区での地上デジタル放送は2006年にスタートしている。

---

7) 本節の世帯数は、総務省「住民基本台帳に基づく世帯数（2009年3月31日現在）」による。
8) 日本民間放送連盟・経営委員会が民放テレビ全社に2007年6月時点で実施した調査結果を元に試算した2011年までのデジタル化投資の総額は1兆440億円で、2003年8月の試算時の8,082億円を約3割上回った。（2007年9月12日発表）

コンテンツ面においては、夕方のローカルワイド番組[9]に積極的なのが特徴である。また、農業をはじめとする第一次産業従事者が多いことから、天気予報等を伝える早朝のローカル番組へのニーズも高いといわれている。エリア内で地域別の番組、CM差し替えを実施しているケースもみられる[10]。

3.2 宮城エリア

宮城県の世帯数は約90万で、本分析の対象地域の中では最も小さい規模である。県全体としては米どころであり農業、他に漁業も盛んだが、仙台市はいわゆる「支店経済」の地で企業の東北支店が集積し、また大学や専門学校も多い。このことから仙台市においては他地域から人の出入りが激しいのも特徴となっている。地上波民放は開局順に、東北放送（TBC）、仙台放送（OX）、宮城テレビ放送（MMT）、東日本放送（KHB）の4局で、テレビ東京系列の局はない。地上デジタル放送は2005年に始まっており、広域圏以外では最も早い。

地域密着のローカル情報番組への取り組みにはばらつきがあり、他社との競合を避けるような編成がなされている[11]。東北6県と新潟県を放送エリアとする東北ブロックネットの番組も制作されており、これは同地域を管轄している東北電力がスポンサーとなることが多い[12]。

3.3 中京エリア

中京エリアには、関東、関西と同様に広域放送として免許が付与されてお

---

9) 札幌テレビ放送の「どさんこワイド」（1991年スタート、現在の番組名は「どさんこワイド179」）は夕方ローカルワイド情報番組のさきがけといわれている。
10) 札幌テレビ放送は、札幌からの放送とは別に、旭川や帯広等の各放送局でそれらの地域限定の市民ニュース等を制作、放送している。
11) 東北放送「ウォッチン！みやぎ」は朝帯（午前7時20分頃～午前8時27分）、東日本放送「突撃！ナマイキTV」は午前帯（午前9時55分～午前11時）、宮城テレビ放送「OH！バンデス」は夕方帯（午後3時50分～午後7時）となっている（2010年7月現在）。
12) 例えば、「週刊ことばマガジン」は、東日本放送、青森朝日放送、秋田朝日放送、岩手朝日テレビ、山形テレビ、福島放送、新潟テレビ21で、毎週土曜日に放送されているブロックネットの番組（東北電力一社提供）である。

り、愛知県、岐阜県、三重県が放送対象地域となっている。エリア内の世帯数は約432万世帯で関西のほぼ半分、福岡のほぼ倍の規模である。地上波民放は開局順に、中部日本放送（CBC）、東海テレビ放送（THK）、名古屋テレビ放送（NBN）、中京テレビ放送（CTV）で、他にテレビ東京系列のテレビ愛知（TVA）、県域放送の独立局[13]である岐阜放送（GBS）、三重テレビ放送（MTV）がある。地上デジタル放送は2003年にスタートしている。

　中京エリアのメディア環境において無視できないのは、中日新聞社のプレゼンスである。3県での販売部数248万部、シェア57％[14]と地域で圧倒的シェアを誇る中日新聞を発行し、プロ野球・中日ドラゴンズの親会社である中日新聞社は、上記7局中4局（中部日本放送、東海テレビ放送、テレビ愛知、三重テレビ放送）に資本参加している[15]。

　地域密着のローカルワイド番組においては時間帯による棲み分けが行われており[16]、競争関係があまりみられない。ドラマやアニメなど全国に供給する番組制作がスポット的にみられる[17]。視聴者の番組指向としては東京よりであるといわれている。

3.4　関西エリア

　関西は、大阪・兵庫・京都・滋賀・奈良・和歌山の2府4県をエリアとする広域免許の地区である。エリア内の世帯数は約877万世帯で、関東広域圏のほぼ半分、中京広域圏のほぼ倍の規模である。地上波民放はテレビの開局順に、朝日放送（ABC）、読売テレビ放送（YTV）、関西テレビ放送（KTV）、

---

13) 三大広域圏内で県域のテレビ放送を行い、特定のネットワークには参加していない。全部で13社ある。
14) 日本ABC協会「新聞発行社レポート普及率」2009年7月～12月平均のデータより。
15) 他に複数のラジオ局にも出資しており、2004年から2005年にかけての総務省の調査でマスメディア集中排除原則違反が複数発覚している。
16) 名古屋テレビ放送「どですか！」は早朝帯（午前6時～午前8時）、東海テレビ放送「ぴーかんテレビ」は午前帯（午前9時55分～午前11時30分）、中部日本放送「イッポウ」は夕方帯（午後4時50分～午後7時）となっている（2010年7月現在）。
17) 東海テレビ放送はFNN系列で全国放送されている昼ドラマの企画制作局として知られている。名古屋テレビ放送は「機動戦士ガンダム」シリーズをはじめ、テレビアニメ制作に定評がある。

毎日放送（MBS）が4大ネットワーク系列局である。この他、テレビ東京系列のテレビ大阪（TVO）、県域の独立局として、京都放送（KBS）、サンテレビジョン（SUN-TV）、びわ湖放送（BBC）、奈良テレビ放送（TVN）、テレビ和歌山（WTV）がある。地上デジタル放送は2003年から開始している。

4大ネットワーク系列各社では、在京の局がキー局と呼ばれるのに対し、在阪局は準キー局と呼ばれ、朝日放送と関西テレビは系列のキー局よりもテレビ開局は早い。全国ネット番組も制作しゴールデンタイムの人気番組も手がけている[18]。ローカル番組も多く[19]、自社制作比率も高い。系列関係では、関西では過去に「腸捻転」と呼ばれる状態が長く続いた。つまり、毎日放送がANN、朝日放送がJNNと、それぞれ新聞資本でみると逆転した状態でネットワークが形成されており、解消されたのは1975年である。

3.5 広島エリア

広島県は約122万世帯で、宮城に次いで分析対象地域では小規模となる。地上波民放は開局順に、中国放送（RCC）、広島テレビ放送（HTV）、広島ホームテレビ（HOME）、テレビ新広島（TSS）の4局で、テレビ東京系の局はない。地上デジタル放送は2006年から開始している。

朝帯のローカル情報番組を編成している局はないが、夕方のローカル情報番組では競合がみられる[20]。プロ野球・広島カープと「平和」はキーコンテンツと位置づけられているのが特徴的である。中国放送は愛媛県のあいテレビとマスター設備を共有してコストダウンをはかる「セントラルキャスティング方式」を導入しており、国内唯一の試みである[21]。

---

18) 東京支社に置いている制作部門が担当することが多い。
19) 夕方の関西ローカル番組としては、毎日放送「ちちんぷいぷい」（午後2時55分〜午後5時45分）、読売テレビ放送「かんさい情報ねっとten!」（午後4時48分〜午後7時）、朝日放送「NEWSゆう＋」（午後4時50分〜午後6時54分）、関西テレビ放送「スーパーニュースアンカー」（午後4時53分〜午後7時）が放送中である（2010年7月現在）。
20) 中国放送「イブニング・ふぉー」（午後3時45分〜午後4時40分）、広島テレビ放送「旬感★テレビ派！」（午後4時49分〜午後6時53分）、広島ホームテレビ「HOME Jステーション」（午後4時50分〜午後6時56分）が放送中である（2010年7月現在）。

3.6 福岡エリア

福岡県は約215万世帯であるが、隣の佐賀県に民放がフジテレビ系の1局しかなく、また電波も佐賀の広い範囲で届くことから事実上佐賀県も放送対象地域になっている。開局順に、RKB毎日放送（RKB）、九州朝日放送（KBC）、テレビ西日本（TNC）、福岡放送（FBS）の4大ネットワーク系列局と、テレビ東京系列のティー・ヴィー・キュー九州放送（TVQ）がいわゆる平成新局として開局している。地上デジタル放送は2006年からスタートしている。

視聴者の指向としては、東京でヒットしているドラマがそれほど視聴率をとれない反面、ニュースへの関心が強いといわれる。ローカル情報番組制作に積極的で、夕方枠で3局が競っている[22]。

4　分析対象局

本章の分析対象となっている放送事業者を放送エリアごとに列記すると以下のようになる。

北海道：北海道テレビ放送、北海道文化放送、北海道放送、札幌テレビ放送
宮城県：東日本放送、仙台放送、東北放送、宮城テレビ放送
中京地区：名古屋テレビ放送、東海テレビ放送、中部日本放送、中京テレビ放送
関西地区：朝日放送、関西テレビ放送、毎日放送、読売テレビ放送
広島県：広島ホームテレビ、テレビ新広島、中国放送、広島テレビ放送
福岡県：九州朝日放送、テレビ西日本、RKB毎日放送、福岡放送

---

21) 2006年6月12日より導入。中国放送側に主設備がある。編成や営業等は独立させた上で、送出設備の共同設置、データ作成・ファイリング作業等を共同運用、さらに設備、運用、データ、素材等の共通化で省力化を図るシステム（中田・島矢, 2006）。
22) RKB毎日放送「今日感テレビ」（午後1時55分～午後7時）、福岡放送「めんたいワイド」（午後2時55分～午後7時）、テレビ西日本「ハチナビ・プラス・ギュギュっと」「ハチナビ・プラス・スーパーニュース」（午後3時55分～午後7時）が放送中である（2010年7月現在）。

以上、6地域各4局の24局である。図表6-2にそれぞれの略称、系列、創立日、テレビ開局日、ラジオ兼営かどうか、払込資本金、主要株主、系列ネット変遷をまとめた。なお、在京キー局に関しては、その役割と規模が他の地域の局とは比較とならないため[23]、分析対象外とした。また、テレビ東京系列（TXN）も収益構造が異なっているため[24]今回は対象から外している。

5　分析に用いる指標

対象24局のそれぞれ6年間（2002年度～2007年度）のデータを用いる。以下の局別や地域別平均の数値は特段の表記がない限りこの6年間の期間平均で、データは、『日本民間放送年鑑』（2003年度～2008年度）より得た。

分析に用いる主たる指標に、①放送エリア世帯数、②営業利益率（営業収益、営業利益）、③自社制作比率、④1人当たり地域放送量、である。この他、株主構成や労働組合組織率も適宜分析の材料とする。以下に、それぞれの指標について説明する。

①放送エリア世帯数は、総務省「住民基本台帳に基づく世帯数」より得た。放送事業において、サービスエリアの世帯数はまさに事業規模を規定する。放送エリアの世帯数が多いとエリアの購買力も高くなり、広告主にとっても広告費を投下する価値が高い「マーケットサイズ」という意味が第一義だが、それだけではない。言論機関、特に「マスメディア」であるテレビ局の使命は、収集してきた情報をより多くの視聴者に効率的に届けることである。したがって、放送エリアが広く、多くの世帯数を抱える方が、より多くの視聴者に情報を届けることにおいても有利である。単純に計算すると、関西での視聴率1％が8.7万世帯強に値するのに対し、宮城での1％は9,000世帯にす

---

23) 『日本民間放送年鑑2007』によると、2006年度のフジテレビジョンの売上高は3,778億7,500万円、役職員数は1,447名。同さくらんぼテレビジョン（山形）の売上高は26億6,800万円、役職員数は66人である。
24) テレビ東京系列（TXN）は6 司のみの参加で（テレビ東京・テレビ北海道・テレビ愛知・テレビ大阪・テレビせとうち・TVQ九州放送）、26局～30局が参加する他系列とはビジネスモデルが異なっている。

図表6-2 分析対象となる放送事業者一覧

	放送局名	略称	系列	創立	テレビ開局	ラジオ兼営	払込資本金	主要株主	系列ネット変遷
北海道	北海道テレビ放送(株)	HTB	ANN	1967年12月1日	1968年11月3日	—	7億5,000万円	朝日新聞,テレビ朝日	1968～A系F系 → 1970～A系
	北海道文化放送(株)	UHB	FNN	1971年6月19日	1972年4月1日	—	5億円	北海道新聞社,フジテレビジョン,日本経済新聞社	1972～F系
	北海道放送(株)	HBC	JNN	1951年11月30日	1957年4月1日	ラジオ兼営	5億5,000万円	共栄火災海上保険,明治安田生命保険,北洋銀行,三菱UFJ信託銀行,北海道新聞社,日本トラスティ・サービス信託銀行,東京放送,北海道新聞社会福祉振興基金,札幌銀行	1957～N系J系 → 1959～F系A系もネット→ 1969～J系完全移行
	札幌テレビ放送(株)	STV	NNN	1958年4月8日	1959年4月1日	ラジオ兼営*1	7億5,000万円	日本テレビ放送網,北海道電力	1959～N系A系J系F系 → 1964～N系F系 → 1972～N系
宮城	(株)東日本放送	KHB	ANN	1974年10月30日	1975年10月1日	—	10億円	テレビ朝日,朝日新聞,宮城県,宮城商事,河北新報社,七十七銀行,仙台銀行,日本経済新聞社	1975～A系
	(株)仙台放送	OX	FNN	1961年10月4日	1962年10月1日	—	2億円	フジテレビジョン,産業経済新聞社	1962～N系F系A系 → 1975～F系
	東北放送(株)	TBC	JNN	1951年12月10日	1959年4月1日	ラジオ兼営	7億5,000万円	河北新報社,明窓社,河北仙販,七十七銀行,東北電力,河北アドセンター,三越,宮城県,藤崎,一力教舎,仙台市,明治安田生命,みずほ銀行,三菱東京UFJ銀行,仙台銀行,河北新報輸送,東芝,菅野みつのり,第一生命,日本生命	1959～N系J系F系A系 → 1975～J系
	(株)宮城テレビ放送	MMT	NNN	1970年1月17日	1970年10月1日	—	3億円	カメイ,読売新聞東京本社,日本テレビ放送網文化事業団,日本テレビ放送網,宮城県,亀井文蔵	1970～N系A系 → 1975～N系
中京	名古屋テレビ放送(株)	NBN	ANN	1961年9月6日	1962年4月1日	—	4億円	トヨタ自動車,朝日新聞,テレビ朝日,読売新聞東京本社,日本テレビ放送網	1962～N系A系 → 1973～A系
	東海テレビ放送(株)	THK	FNN	1958年2月1日	1958年12月25日	—	10億円	東海ラジオ,愛知県,名古屋鉄道,中日新聞社,フジテレビジョン,トヨタ自動車,三菱東京UFJ銀行	1958～N系J系 → 1959～F系N系J系A系 → 1960～N系F系A系 → 1969～F系
	中部日本放送(株)	CBC	JNN	1950年12月15日	1956年12月1日	ラジオ兼営	13億2,000万円	中日新聞社,竹田本社,三菱東京UFJ銀行,ジェーピー・モルガン・チェース・バンク,住友信託銀行,ナゴヤドーム,中部電力,日本トラスティ・サービス信託銀行,名古屋鉄道	1956～N系J系 → 1959～A系もネット→ 1973～J系
	中京テレビ放送(株)	CTV	NNN	1968年3月1日	1969年4月1日	—	10億5,600万円	日本テレビ放送網,ユーフィット,名古屋鉄道,日本テレビ音楽,名鉄不動産	1969～A系N系東京12チャンネル → 1973～N系 → 1983～テレビ東京解消
関西	朝日放送(株)	ABC	ANN	1951年3月15日	1956年12月1日	ラジオ兼営	52億9,980万円	朝日新聞社,モルガンスタンレーアンドカンパニー,テレビ朝日,帝京大学,朝日新聞信用組合,村山美知子,日本生命保険,ステートストリートバンクアンドトラストカンパニー,大阪瓦斯,近鉄バス	1958～J系 → 1975～A系
	関西テレビ放送(株)	KTV	FNN	1958年2月1日	1958年11月22日	—	5億円	フジテレビジョン,阪急阪神ホールディングス	1959～F系

第6章 基幹ローカルテレビ局経営の比較分析

図表6-2　つづき

	放送局名	略称	系列	創立	テレビ開局	ラジオ兼営	払込資本金	主要株主	系列ネット変遷
関西	(株)毎日放送	MBS	JNN	1950年12月27日	1959年3月1日	ラジオ兼営	40億7,249万円	ソニー放送メディア,りそな銀行,三菱東京UFJ銀行,三井住友銀行,東京放送,日本電気,大林組,野村ホールディングス,日本生命保険,第一生命保険	1959～A系F系→ 1960～A系→ 1975～J系
	読売テレビ放送(株)	YTV	NNN	1958年2月13日	1958年8月28日	—	6億5,000万円	日本テレビ放送網,読売新聞グループ本社,野村土地建物,読売ゴルフ,野村ホールディングス	1958～N系
広島	(株)広島ホームテレビ	HOME	ANN	1969年12月25日	1970年12月1日	—	5億円	朝日新聞社,全国共済農業協同組合連合会,テレビ朝日,広島銀行,毎日放送,中国電力,檜山かつのり,日本経済新聞社	1970～A系N系F系→ 1975～A系
	(株)テレビ新広島	TSS	FNN	1974年8月10日	1975年10月1日	—	10億円	フジテレビジョン,中国電力,関西テレビ放送,中国新聞社,産業経済新聞社,日本経済新聞社,みずほ銀行	1975～F系
	(株)中国放送	RCC	JNN	1952年5月7日	1959年4月1日	ラジオ兼営	3億8,250万円	中国新聞社,中国新聞情報文化センター,中国文化企画センター,フジタ,東京放送,広島銀行,山本信子	1959～オープンネット→ 1970～J系
	広島テレビ放送(株)	HTV	NNN	1962年1月16日	1962年9月1日	—	2億円	読売新聞大阪本社,読売テレビ放送,日本テレビ放送網,日本テレビ系列愛の小鳩事業団・文化事業団,小林ひろあき,林ようげん	1962～N系F系A系→ 1975～N系
福岡	九州朝日放送(株)	KBC	ANN	1953年8月21日	1959年3月1日	ラジオ兼営	3億8,000万円	朝日新聞社,昭和自動車,東映,三井住友銀行,テレビ朝日,西日本シティ銀行,朝日放送,電通,ブリヂストン,明治安田生命	1959～F系A系→ 1964～A系N系→ 1970～A系
	(株)テレビ西日本	TNC	FNN	1958年4月1日	1958年8月28日	—	3億5,250万円	西日本新聞社,電通,フジテレビジョン,西日本シティ銀行,福岡銀行,新日本製鉄	1958～N局→ 1964～F系
	RKB毎日放送(株)	RKB	JNN	1951年6月29日	1958年3月1日	ラジオ兼営	5億6,000万円	毎日放送,毎日新聞社,麻生,福岡銀行,新日本製鉄	1958～N系J系→ 1969～J系
	(株)福岡放送	FBS	NNN	1968年5月27日	1969年4月1日	—	3億円	読売新聞東京本社,九州電力,日本テレビ放送網,西日本新聞社,電気ビル,西日本シティ銀行,西日本鉄道,福岡銀行	1969～N系

＊1　札幌テレビは2005年よりラジオを分社化
出所：『日本民間放送年鑑』等から筆者作成。

ぎない。他方、エリアに多くの世帯数を抱えると、地域情報が薄まるデメリットがあることは、第4章の地上波民間テレビ放送の情報の不均衡で示した。

②営業利益率に関しては、民間企業である以上、放送局も利益を追求するのは当然であり、収益性の指標として採用する。営業利益率は、営業利益／営業収益×100％で産出されるが、そもそもの事業規模が異なるため、分母分子の実数も見据えた上での評価が必要である。なお、事業者によって設備更新のタイミングが違い、減価償却費の計上にもばらつきがあるので、単年

度の利益率がその時点のそのテレビ局のパフォーマンスを反映しない部分もあると思われるが、7年間のデータを追うことで、傾向を読み取ることとする。

　③自社制作比率は日本民間放送連盟が毎年度始めに調査している。ローカルニュース・天気予報を含む自社で制作した番組及びその再放送の合計時間が当該局の総放送時間に占める割合で表される。地域発の情報発信の割合であり、事業者の自主的な生産活動の規模を示す指標でもある。「中央」から供給される番組をただそのまま流すのではなく自社制作番組を増やすことは、コンテンツ面だけではなく、その番組のスポンサーを探すという営業面でも自律的に活動することを意味し、ひいては基幹局のコストにも影響を与える。さらには、番組制作の経験を内部に蓄積し、人材の育成にもつながるという側面をももつ。まさに生産活動の規模を表しており、テレビ局のパフォーマンスを分析する上で重要な指標である。

　最後に、④1人当たり地域放送量について説明する。放送エリアの住民に向けて、どの程度自局発の情報を発信できているかを量的に把握するため、人口1人当たり地域放送量という指標を採用する。『日本民間放送年鑑』記載の年度頭第一週の自社制作時間をエリア内の人口で割って算出する。単位は秒である。きめ細やかな地域情報を発信するためには、エリアが広く、人口が多くなるほど多様性をもって対応しなくてはならない。例えば、選挙報道を例にとると、放送エリアが広いほど選挙区は増えるので、一人ひとりの有権者に公平に情報を届けるならば、その分の放送量を増やす必要が本来あるはずである。また年齢によっても必要な情報は異なり、より多様な番組が必要となることから、世帯数ではなく人口1人当たりで算出している。菅谷（2014）は「地域メディア力」という概念を提示し、それを「自らの地域にネットワーク基盤を構築し、情報を発信することで、それぞれの地域を内と外から活性化」する力であると説明している。人口1人当たり地域放送量は、まさに、量的な地域メディア力を表す指標であり、地域情報発信力強化の視点から論ずる本書の主旨として重視する。但し、この指標は発信側のものなので、実際に視聴者がチャンネルをあわせてその情報を受け取ったかはわからないという点には留意が必要である。

図表6-3 放送エリア世帯数の期間平均

(万世帯)

北海道、宮城、中京、関西、広島、福岡

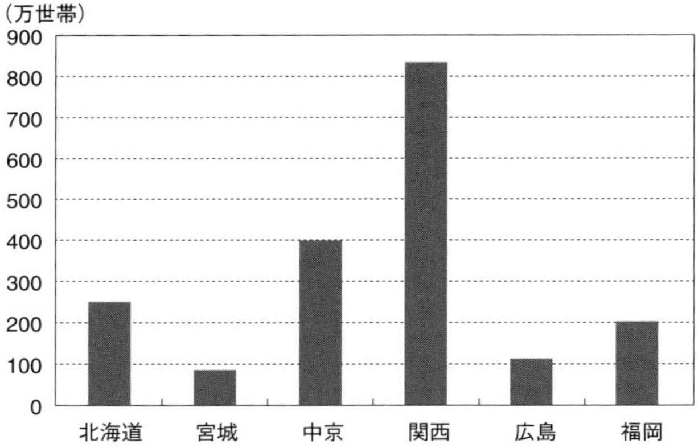

出所:総務省「住民基本台帳に基づく世帯数」をもとに筆者作成

6 放送エリア別の比較検証

事業者ごとの分析に入る前に、まず、放送地域ごとの指標の動向を比較して全体像をつかむこととする。

6.1 放送エリアの規模

本章3節の基幹局エリアの放送事業の概観において、各世帯の放送エリアの世帯規模について触れているが、ここではさらに詳しくみていく。図表6-3は放送エリア世帯数の期間平均である。6府県をカバーする関西が圧倒的に多くなっている。次いで、3県をカバーする中京が多く、北海道、福岡、広島、宮城の順で続く。期間平均は、最大である関西が約877万世帯、最小の宮城が約90万世帯でおよそ9.7倍の開きがある。

次に、図表6-4に世帯数の年度推移をグラフで示した。全地域において世帯数の増加がみられるが、期間のはじめ(2002年度)と終わり(2007年度)でみると、関西は47万7,406世帯(増加率約5.9%)増えている。他方、宮城は4万3,930世帯の増加(増加率約5.2%)だけで、放送エリアの潜在的な事業規模格差は拡大傾向にある。

放送エリアは制度として決められているので事業者の裁量で広げたり狭め

図表6-4 放送エリア世帯数の年度推移

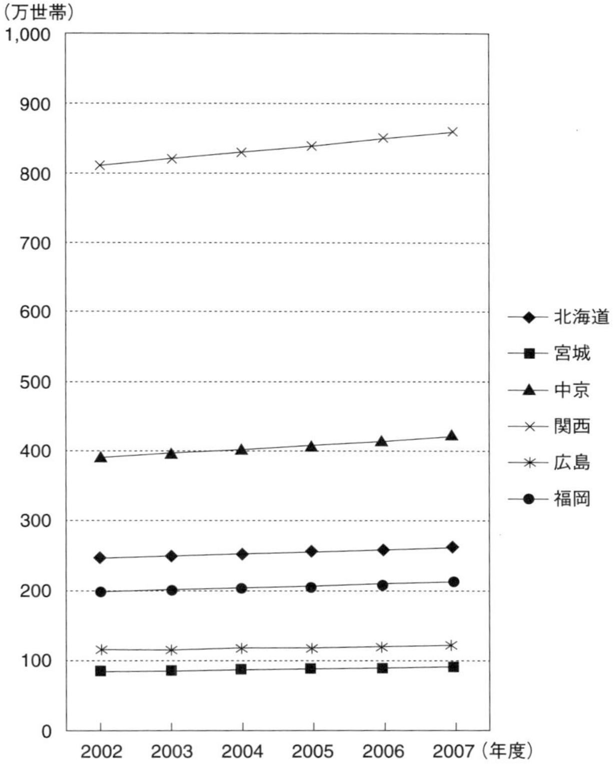

(万世帯)

凡例：北海道、宮城、中京、関西、広島、福岡

出所：総務省「住民基本台帳に基づく世帯数」をもとに筆者作成

たりできるものではない。今回の分析では、基幹局というそれぞれの地域で中核的な役割を担っている、いわば同質的な放送事業者に対象を絞ったにも関わらず、事業規模の前提としてこれだけの格差がついている点には留意する必要がある。その背景には複数都府県にまたがる放送免許を与える広域圏と、単一県に限られる県域圏という規制が存在する。

6.2　営業収益、営業利益、営業利益率

　図表6-5、6-6、6-7に、それぞれ、営業収益、営業利益、営業利益率の地域ごとの期間平均をグラフ化した。

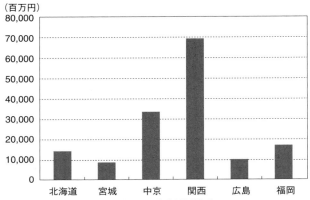

図表6-5　営業収益の期間平均

出所:『日本民間放送年鑑各年度版』に基づき筆者作成

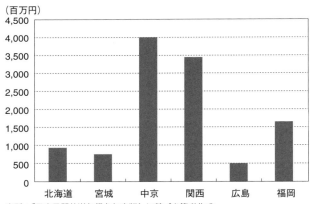

図表6-6　営業利益の期間平均

出所:『日本民間放送年鑑各年度版』に基づき筆者作成

　営業収益は、放送エリアの世帯数の規模をほぼ比例的に反映しており、放送エリアが広く事業規模が大きい関西が他を大きく引き離している。例外は北海道と福岡の比較で、世帯数の多い北海道の方が福岡よりも営業収益は低くなっている。

　営業利益については、中京が関西を上回っている。宮城と広島の比較においても営業収益と営業利益の逆転が起きており、営業収益が最小である宮城

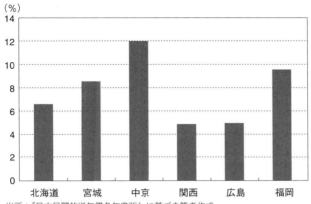

図表6-7 営業利益率の期間平均

出所:『日本民間放送年鑑各年度版』に基づき筆者作成

が営業利益においては広島を上回っている。

営業利益率の地域ごとの期間平均を比較すると、中京が12.0%で最も高く、次いで、福岡9.7%、宮城8.6%、北海道6.6%、広島5.0%、関西4.9%の順となっている。

ところで、図表6－8(1)に分析対象全24局の営業利益率の年度推移を示したが、全般的に減少傾向であることがわかる。期間中にすべての局が地上デジタル放送をスタートさせており、その影響が考えられる。地デジ開始年度は、関西と中京が2003年度、宮城が2005年度、北海道・広島・福岡が2006年度であるが、当該年度に、札幌テレビ、東北放送、名古屋テレビ、読売テレビ、広島テレビ、テレビ西日本がそれぞれ急激な営業利益率の落ち込みをみせている。

デジタル化設備投資の経営のインパクトを実証的に分析した野原（2006）は、インパクトには局によりかなりのばらつきがあることを強調しているが、送信部分の地デジ投資が一段落した後も、デジタルに対応するための番組制作設備の投資は続く。カメラや編集機等のデジタル機器への更新、映像サーバの導入、高精細画のHDTVに耐え得るようなスタジオセットへのアップグレード等が考えられるが、事業規模や内容によってそれらの投資にもばらつきがある。地デジ投資をいかに進め、そして回収していくかは、テレビ局

図表6-8(1) 局別営業利益率の年度推移

単位：％

	2002	2003	2004	2005	2006	2007	期間平均
北海道テレビ放送	6.03	11.82	14.49	13.00	11.24	4.71	10.21
北海道文化放送	8.79	9.09	12.15	9.51	5.76	-0.41	7.48
北海道放送	5.48	7.15	6.76	3.91	-0.97	-1.94	3.40
札幌テレビ放送	7.91	9.05	9.29	7.47	-0.83	-0.89	5.33
東日本放送	10.46	13.55	15.27	10.22	7.41	4.19	10.18
仙台放送	13.26	18.81	14.07	11.54	6.60	0.68	10.83
東北放送	1.08	9.11	10.66	3.24	1.50	2.34	4.65
宮城テレビ放送	9.54	12.12	12.41	7.65	6.24	4.17	8.69
名古屋テレビ放送	15.21	10.27	11.67	10.90	9.45	8.81	11.05
東海テレビ放送	11.50	9.69	9.52	11.54	9.44	8.89	10.10
中部日本放送	13.60	13.14	12.01	11.39	10.98	9.27	11.73
中京テレビ放送	20.54	20.06	17.41	14.69	9.70	8.06	15.08
朝日放送	4.32	4.99	8.18	7.39	4.99	2.54	5.40
関西テレビ放送	4.24	4.49	6.43	8.54	データなし	1.87	5.11
毎日放送	3.67	4.28	5.93	4.51	5.27	0.78	4.07
読売テレビ放送	7.64	5.10	8.05	4.12	3.52	2.61	5.17
広島ホームテレビ	3.51	5.58	7.13	7.68	5.12	3.56	5.43
テレビ新広島	4.89	8.54	10.69	9.35	5.82	3.61	7.15
中国放送	4.47	5.37	4.33	4.09	1.19	0.33	3.30
広島テレビ放送	3.55	9.47	7.34	7.00	-1.87	0.05	4.25
九州朝日放送	7.48	10.78	12.86	11.45	9.43	6.88	9.81
テレビ西日本	9.08	14.93	17.28	13.93	7.55	1.66	10.74
RKB毎日放送	7.83	5.61	12.85	10.66	6.81	5.67	8.24
福岡放送	17.71	16.16	12.50	4.64	3.15	4.94	9.85

出所：『日本民間放送年鑑各年度版』にもとづき筆者作成

の経営にとって喫緊の課題といえる。

　図表6-8(1)からは期間のはじめと終わりで各局の差が縮まってきていることも読み取れる。等しく他メディアとの競争の影響を受け、局間の競争が激しくなっていることが推察できる。

6.3　自社制作比率

　自社制作比率は、ローカル局に番組を供給している東京キー局においては95％前後と極めて高い水準であるが、その次に高い水準の準キー局（関西）では30％前後まで低下し、これより規模の小さい基幹局ではさらに低い。本

図表6-8(2)　局別営業利益率の期間平均

局名	営業利益率(%)
北海道テレビ放送	10
北海道文化放送	7
北海道放送	3
札幌テレビ放送	5
東日本放送	10
仙台放送	10.5
東北放送	4.5
宮城テレビ放送	8.5
名古屋テレビ放送	11
東海テレビ放送	10
中部日本放送	11.5
中京テレビ放送	15
朝日放送	5
関西テレビ放送	5
毎日放送	4
読売テレビ放送	5
広島ホームテレビ	5
テレビ新広島	7
中国放送	3
広島テレビ放送	0
九州朝日放送	9.5
テレビ西日本	10.5
RKB毎日放送	8
福岡放送	10

出所：『日本民間放送年鑑各年度版』にもとづき筆者作成

分析の対象となる基幹局の自社制作比率の地域別期間平均は図表6-9の通りである。地域にある程度の経済基盤があり、一定の制作力をもつ放送事業者である基幹局をもってしても決して高い数字ではない。最も低いのは宮城の9.4％、その他の地域も関西をのぞけば10％台と低く、ほとんどの放送番組を他から（大半は東京キー局から）の供給に頼っているのがわかる。また、放送エリア世帯数の関係でみると、中京エリアが世帯数規模のわりには自社制作比率が高くないのがわかる。北海道エリアとほとんど変わらない数値である。

6.4　人口1人当たり地域放送量（秒）

人口1人当たり地域放送量の地域別の期間平均は図表6-10のようになる。1人当たり地域放送量が最も多いのは広島エリアである。二番目は宮城で、続く北海道と福岡はほぼ同じとなっている。低いのは中京と関西で他地域より人口が多い分、1人当たりの放送量は少なくなる。第4章でも指摘したが、放送エリアが複数の都府県にまたがる広域圏では、視聴者はきめ細やか

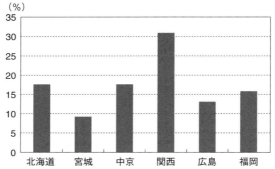

図表6-9　自社制作比率の地域別期間平均

出所:「日本民間放送年鑑各年度版」にもとづき筆者作成

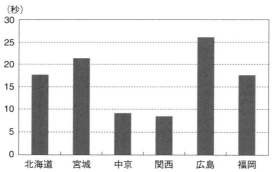

図表6-10　人口1人当たり地域放送量の期間平均

出所:「日本民間放送年鑑各年度版」にもとづき筆者作成

な地域情報に手が届きにくくなる。

　基幹局で比較すると、広島の視聴者が最も多く地上波テレビからの地域情報を提供されており、関西の視聴者のおよそ3倍ということになる。

6.5　地域別傾向まとめ

　ここまで明らかになったのは、指標によって地上波民間テレビ局のパフォーマンス評価は違ってくるということである。単に収益性だけを考えるのであれば、相対的に自社制作を抑制している中京モデルが良いことになるし、生産活動の大きさで評価するのであれば自社制作比率の高い関西モデルが支

持される。また、人口1人当たりの地域放送量という視点からは広島モデルが最も優れている。

　民間企業として収益性を求めながら、メディアとして自らの情報発信性を高め、さらには偏りなく放送エリアの視聴者に情報アクセスへの機会を与えることが民間テレビ放送が達成すべき事業の在り方であるはずだが、地域によってもその取り組みに濃淡があることがわかった。

　次節では、さらに事業者別に各指標を比較検証する。

7　局別検証

7.1　局別営業収益期間平均

　まず、営業収益の局別期間平均の順位を図表6-11に示した。

　営業収益の期間平均が最も高いのは朝日放送で約727億円、最も低いのは東日本放送で約68億円であり、基幹局内でも最大で約10倍の開きがあることがわかる。

　関西の局は4局とも660億円を上回っている。そのおよそ半分の規模の収益となっているのが中京の4局だが、名古屋テレビだけは258億円と300億円台に達していない。

　北海道と福岡の8局は130億円から200億円未満の間で混在している。その下のクラスは広島と宮城の8局でこちらも混在する形で68億円から120億円に分布している。マーケットサイズである世帯規模にはそれぞれ地域間の差があるにも関わらず、これらのクラスターで放送地域が混在する形で収益の違いがあることには留意する必要があろう。

7.2　局別営業利益期間平均

　次に、営業利益の局別期間平均が図表6-12である。

　営業利益の期間平均は中京テレビが突出して高く約52億円である。次のクラスターには中京と関西の局が分布し、27億円から42億円の間である。北海道、福岡、広島、宮城の16局は3.8億円から17.3億円のレンジで混在していて、地域としての優位さが読み取れない。中国放送が最低の営業利益となっ

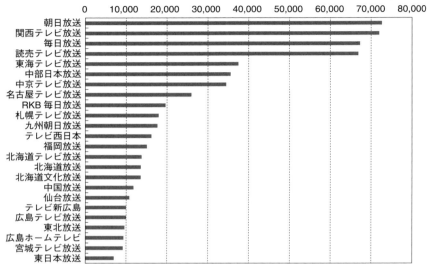

図表6-11　営業収益の局別期間平均

ている。

7.3　局別営業利益率期間平均

営業利益率の局別期間平均順位は図表6-13となる。

やはり中京テレビが抜きん出ていて15.08％である。それ以外は地域が入り乱れての順位となっているが、地域別平均に反映されていた通り、中京エリアと福岡エリアの局は上位半分に、関西エリアと広島エリアの局は下位半分に位置するという若干の地域的傾向もみられる。最下位は営業利益と同じで中国放送である。

7.4　局別自社制作比率期間平均

次に、自社制作比率の局別期間平均を図表6-14に表示した。

朝日放送の自社制作比率平均が最も高く35.12％である。これは、同じく自社制作比率の高い関西の他の3局よりもひとつ抜き出ている。最も低いの

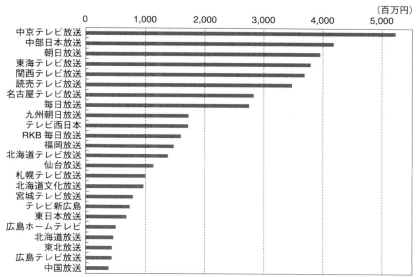

図表6-12 営業利益の局別期間平均

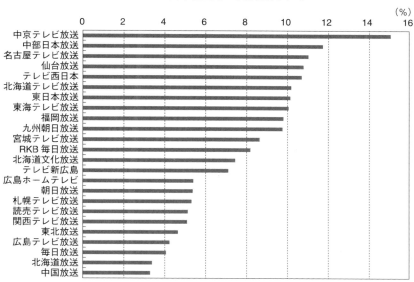

図表6-13 営業利益率の局別期間平均

第6章 基幹ローカルテレビ局経営の比較分析

図表6-14 自社制作比率の局別期間平均

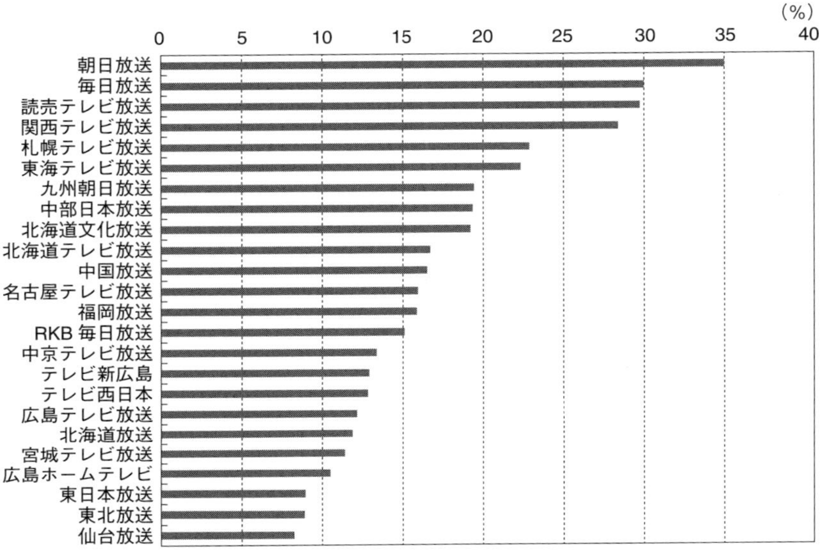

```
                          (%)
        0   5   10  15  20  25  30  35  40
朝日放送
毎日放送
読売テレビ放送
関西テレビ放送
札幌テレビ放送
東海テレビ放送
九州朝日放送
中部日本放送
北海道文化放送
北海道テレビ放送
中国放送
名古屋テレビ放送
福岡放送
RKB毎日放送
中京テレビ放送
テレビ新広島
テレビ西日本
広島テレビ放送
北海道放送
宮城テレビ放送
広島ホームテレビ
東日本放送
東北放送
仙台放送
```

出所：『日本民間放送年鑑各年度版』にもとづき筆者作成

は仙台放送で8.18％である。その他の宮城の局も下位に固まっているが、宮城の中では宮城テレビだけが11.40％と1割以上を自社制作している。中京、北海道、広島、福岡の局の順位は混在しているが、関西以外の局で2割以上自社制作しているのは札幌テレビと東海テレビの2局である。

7.5　1人当たり地域放送量平均

　1人当たり地域放送量の局別期間平均は図表6-15である。

　1人当たり地域放送量の平均は中国放送が突出して多い（33.85秒）。関西と中京は人口が多いので1人当たり地域放送量は少なくなっているが、同じ中京地区でも、中京テレビが7.03秒なのに対し、東海テレビは11.2秒と、差は存在する。北海道、宮城、広島、福岡の局もばらついて分布している。

7.6　地域別の営業利益率の年度推移

　ここからは地域ごとに各指標の年度推移をグラフ化する。まずは営業利益

図表6-15　1人当たり地域放送量の局別期間平均

(秒)

中国放送	約35
宮城テレビ放送	約26
広島テレビ放送	約25
テレビ新広島	約24
札幌テレビ放送	約22
九州朝日放送	約21
東北放送	約21
東日本放送	約20
広島ホームテレビ	約19
北海道文化放送	約19
仙台放送	約18
RKB毎日放送	約17
北海道テレビ放送	約17
福岡放送	約16
テレビ西日本	約14
北海道放送	約13
東海テレビ放送	約11
中部日本放送	約10
朝日放送	約10
毎日放送	約9
名古屋テレビ放送	約9
読売テレビ放送	約8
関西テレビ放送	約8
中京テレビ放送	約7

出所：『日本民間放送年鑑各年度版』にもとづき筆者作成

率が図表6-16(1)〜(6)である。

　北海道エリアは各局とも2004年度をピークに減少に転じている。2006年度には北海道放送と札幌テレビ放送が、2007年度にはこの2局に加えて北海道文化放送がマイナスとなっている。北海道放送が毎年度最低の営業利益率である。2003年度からは北海道テレビ放送が一番高い営業利益率を示している。期間中の最高値は2004年度の北海道テレビ放送で14.49％、最低値は2007年度の北海道放送で－1.94％である。

　宮城では、仙台放送以外は2004年度がピークである。仙台放送は2003年度に全体の最高値の18.81％を、2007年度に全体の最低値の0.68％を示し落差が激しい。2006年度までは東北放送が最低の営業利益率である。

　中京エリアの局は全般的に高い営業利益率で推移している。ピークは各局とも2002年度である。中京テレビ放送は2002年度に全体の最高値の20.54％、2007年度に全体の最低値の8.06％となり落差が大きい。2007年度にはすべての局が10％を切り、差がなくなってきている。

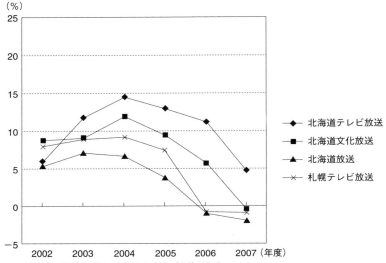

図表6-16(1) 営業利益率年度推移〈北海道〉

出所:『日本民間放送年鑑各年度版』にもとづき筆者作成

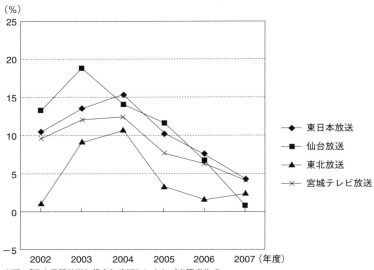

図表6-16(2) 営業利益率年度推移〈宮城〉

出所:『日本民間放送年鑑各年度版』にもとづき筆者作成

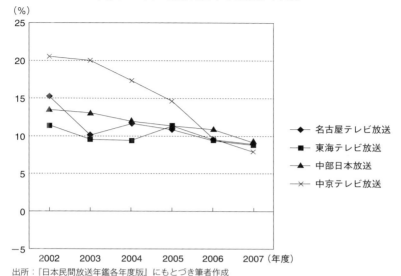

図表6-16(3) 営業利益率年度推移〈中京〉

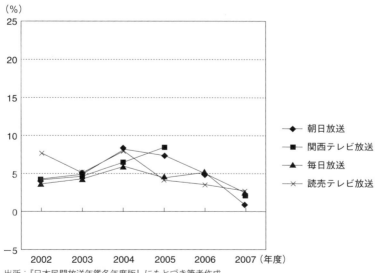

図表6-16(4) 営業利益率年度推移〈関西〉

第6章 基幹ローカルテレビ局経営の比較分析

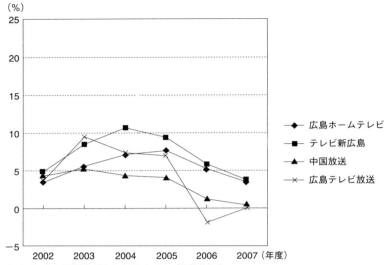

図表6-15(5) 営業利益率年度推移〈広島〉

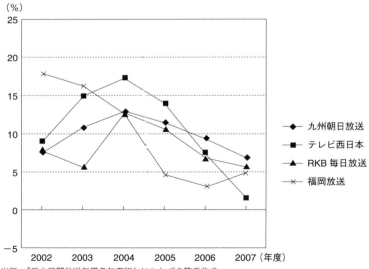

図表6-16(6) 営業利益率年度推移〈福岡〉

関西は他の地域に比べ、全般的に10％に満たない低い値で推移している。年度変動率が小さく、局間の差も小さい。期間最高値は関西テレビ2005年度の8.54％、最低値は2007年度の毎日放送で0.78％である。なお、2006年度の関西テレビは民放連から除名されていたのでデータがない。

　広島エリアの局も全体的に低い値で推移しているが、同じく低い値で推移する関西よりは、変動率や局間差が若干大きい。広島テレビの2006年度の落ち込みが激しく、期間最低値の－1.87％でマイナスとなっている。期間最高値は2004年度のテレビ新広島で10.69％と唯一、10％を超えている。

　福岡エリアは、期間変動、局間差ともに大きい。年度ごとの順位の入れ替わりも目立つのが特徴である。福岡放送は2002年度にピークでこれが期間最高値の17.71％だが、2006年度には3.15％にまで落ち込んでいる。テレビ西日本は2004年度に17.28％でトップに立つが、2007年度は期間最低値の1.66％まで急落している。RKB毎日は2003年度が低く5.61％である。

7.7　地域別の自社制作比率の年度推移

　次に、図表6-17(1)～(6)が自社制作比率の地域別年度推移である。

　北海道エリアは最も振れ幅が大きいのが特徴である。最低値は2007年度の北海道放送で8.8％、最高値は同年度の北海道文化放送で25.1％である。北海道文化放送が2005年度に、北海道テレビ放送が2006年度に、それぞれ自社制作比率を上昇させている。

　宮城エリアの自社制作比率は全般的に低いところでの推移で、振れ幅が小さい。最低値は2002年度の東北放送で7.6％、最高値は2005年度の宮城テレビ放送で12.7％である。宮城テレビ放送は2004年度においてのみ数値が落ち込んでいる。

　中京エリアは東海テレビの自社制作比率が最も高く、中京テレビが最も低いということは期間中一貫している。最低値は2003年度の中京テレビで12.1％、最高値は2007年度の東海テレビで24.4％である。2007年度には値の高い東海テレビとそれ以外の低い3局とに分化している。

　関西エリアの局は全般的に高いところで推移しているが、特に朝日放送が安定して高い自社制作比率を保持している。関西テレビは期間のはじめと終

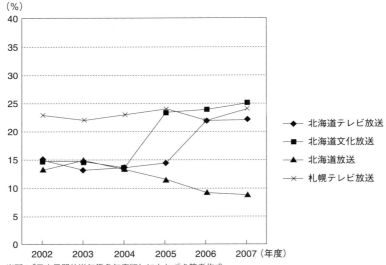

図表6-17(1)　自社制作比率年度推移〈北海道〉

出所：『日本民間放送年鑑各年度版』にもとづき筆者作成

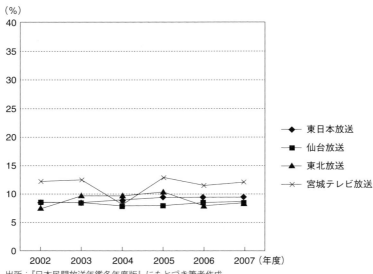

図表6-17(2)　自社制作比率年度推移〈宮城〉

出所：『日本民間放送年鑑各年度版』にもとづき筆者作成

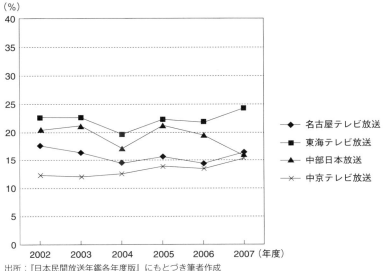

図表6-17(3) 自社制作比率年度推移〈中京〉

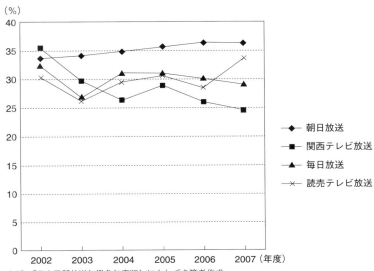

図表6-17(4) 自社制作比率年度推移〈関西〉

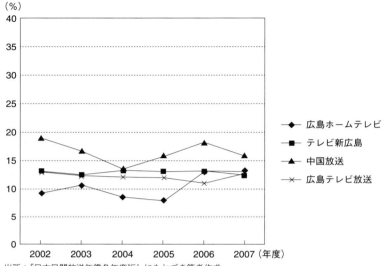

図表6-17(5)　自社制作比率年度推移〈広島〉

出所:『日本民間放送年鑑各年度版』にもとづき筆者作成

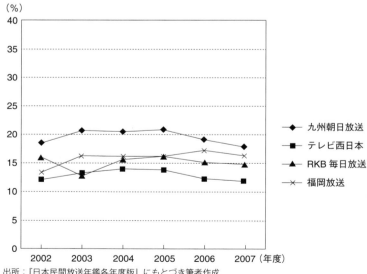

図表6-17(6)　自社制作比率年度推移〈福岡〉

出所:『日本民間放送年鑑各年度版』にもとづき筆者作成

わりで値を10％近く下げている。読売テレビは2007年度に値を急上昇させている。最低値は2007年度の関西テレビで24.5％、最高値は2006年度の朝日放送で36.3％である。

広島エリアでは20％を超えないところでの推移である。中国放送が期間中1位を保っているが、期間の終わりに差が縮まってきている。最下位であった広島ホームテレビが2006年度から自社制作を増やし、2007年度には2位まで上昇している。最低値は2005年度の広島ホームテレビで8.0％、最高値は2002年度の中国放送で19.1％である。

福岡エリアでは九州朝日放送が一貫して高い自社制作比率を保っている。テレビ西日本は低いところで推移している。RKB毎日放送だけが2003年度に値を急降下させている。最低値は2007年度のテレビ西日本で11.7％、最高値は2005年度の九州朝日放送で20.8％である。

7.8　地域別の1人当たり地域放送量の年度推移

地域放送量の年度推移の動きは地域ごとに比較すると自社制作比率と類似するため、全局で表示する（図表6-18）。

中国放送の1人当たり地域放送量が際立って高いのがわかる。最大値は2002年度の中国放送で38.38秒、最小値はやはり2002年度の中京テレビで6.62秒となっている。これは年度頭第一週の自社制作時間をエリア内の人口で割って算出している数値なので、単純計算すると1年間でエリア内の人口1人に向けて中国放送が割り当てることのできる放送量はおよそ33分16秒であるのに対し、中京テレビはおよそ5分44秒となり、中国放送が27分32秒多いことになる。

8　考察

収益性の指標である「営業利益率」、自律した生産活動の規模を示す「自社制作比率」、量的な地域メディア力の指標である「人口1人当たり地域放送量」を、それぞれ事業者別に分析対象期間の平均と年度推移を比較してきたが、ここで、特異な値を示した事業者についてその特徴を指標横断的に観

図表6-18　人口1人当たり地域情報量の年度推移（局別）

単位：秒

（年度）	2002	2003	2004	2005	2006	2007	平均
福岡放送	14.35	17.39	17.14	17.17	18.26	17.05	16.89
RKB毎日放送	19.46	15.12	18.94	19.54	18.05	17.71	18.14
テレビ西日本	13.28	14.52	15.54	15.54	14.16	13.78	14.47
九州朝日放送	20.32	22.78	21.48	23.10	21.27	19.89	21.47
広島テレビ放送	27.19	26.10	25.39	25.17	23.39	26.54	25.63
中国放送	38.35	33.82	27.94	32.37	37.46	33.14	33.85
テレビ新広島	24.83	23.79	25.25	25.05	25.48	24.66	24.84
広島ホームテレビ	17.55	20.26	16.59	15.20	26.71	26.73	20.51
読売テレビ放送	8.28	7.11	7.85	8.28	7.67	9.34	8.09
毎日放送	9.06	7.44	8.79	8.86	8.55	8.38	8.51
関西テレビ放送	9.77	7.85	6.95	7.70	6.91	6.79	7.66
朝日放送	9.31	9.40	9.79	9.93	10.20	10.21	9.80
中京テレビ放送	6.62	6.45	6.76	7.42	6.96	7.98	7.03
中部日本放送	10.50	10.95	9.07	11.19	10.40	8.34	10.08
東海テレビ放送	10.55	10.16	10.39	11.67	11.52	13.03	11.22
名古屋テレビ放送	9.53	8.80	7.79	8.32	7.71	8.70	8.48
宮城テレビ放送	27.48	26.85	19.26	25.07	28.13	29.12	25.98
東北放送	17.28	22.20	22.19	24.23	18.65	20.32	20.81
仙台放送	19.13	17.12	17.44	17.90	19.06	19.68	18.39
東日本放送	19.59	19.57	19.74	21.48	21.30	22.27	20.66
札幌テレビ放送	21.67	21.07	22.31	23.10	21.47	24.34	22.33
北海道放送	12.62	13.82	12.67	12.24	9.82	9.58	11.79
北海道文化放送	14.30	14.23	13.50	25.10	25.90	27.22	20.04
北海道テレビ放送	14.59	12.65	12.97	13.66	23.75	24.04	16.94

注：□10秒未満　■10秒以上20秒未満　■20秒以上
出所：「日本民間放送年鑑各年度版」にもとづき筆者作成

察し、考察を試みる。

8.1　「土管型」ローカル局

はじめに、営業利益率が突出して高かった中京テレビだが、自社制作比率は高くはなく、中京4局中でに最も低い値となっている。さらに、1人当たり地域放送量については24局中最も少ない。このことから、中京テレビは自らの生産活動と地域情報発信を積極的に行うことで収益を上げているわけではないと考えられる。むしろ、コストのかかる番組制作を抑制することで利益率を上げていることが推測できる。

また、自社制作比率が最も低いのは仙台放送であるが、営業利益率は上から4番目に高く、中京テレビと同じく番組制作コストを抑えて収益性を上げていることが考えられる。他に自社制作比率が低くて営業利益率が高い局に、テレビ西日本がある。福岡エリアで最も番組制作が少ないのに営業利益率はエリアで1位である。

　これとは全く逆の傾向を示しているのが中国放送である。営業利益率は最も低いが、自社制作比率の順位は24局中11番目で、広島エリアでは最も多くの番組を制作している。1人当たり地域放送量はどこよりも高く、量的な地域メディア力は高い局といえる。中京エリア内だけで比較すると、東海テレビにも同様の特徴がみられる。自社制作比率は中京エリアでは特に高いのに、営業利益率はベスト3を占める他の3局からはかなり落ちている。この場合、コストのかかる番組制作が利益を圧迫していることが考えられる。自社制作比率が圧倒的に高い関西エリアの局が営業利益率の地域別平均では最も低いこともこの傾向と一致する。

　第3章の先行研究のサーベイで見た通り、これまで自社制作に関しては、なるべく自局で制作せずに、キー局から番組供給を受けた方が利益を上げることができるという指摘がなされてきた。この他、湯淺・宿南・生明・伊藤・内山（2006）はメディア産業論の立場から「ローカル局は、（中略）自らローカル番組を開発するより、東京キー局の番組を受けていた方が、無駄な出費がなく、効率的な経営ができたわけである」（p.28）と述べている。自ら制作するリソースが少ない最小規模のローカル局を分析対象に加えるとよりいっそうこの傾向は強くなると思われる。自社制作を抑え、キー局の番組をそのまま放送する「土管化」したローカル局経営はしばしば問題視されてきた。

　マスメディア機能の担い手という社会的役割を度外視し、民間企業として利益を追求するという側面からだけ評価すれば、中京テレビ、仙台放送、テレビ西日本放送の経営状態は良好に見える。しかしながら、前節の図表6-16(1)〜(6)に示した地域別の営業利益率の年度推移動向をみると、これら3局は他に比べて年度ごとの利益率の変動が大きいことがわかる。しかも3局とも一時は地域内で最も高い利益率を示していたのが、期間の終わりの

2007年度には最も低くなっている。自社制作比率が低い、すなわち自らの生産活動が小さいということは、景気動向や視聴動向あるいは広告主のニーズの変化によって生産を調整できる幅が小さいということを意味している。さらには番組制作を通して日々蓄積される制作ノウハウや人材育成の機会も少ないことになり、メディア環境の変化に対応する能力も磨かれない。自律経営が制限されていることが安定経営を阻んでいるのではないだろうか。

ところで、自社制作比率は高いが営業利益率が低くなってしまう傾向を示している中国放送[25]と東海テレビだが、共に地元新聞グループの出資比率が高い局である（章末図表6-22参照）。これが地域メディアとしての意識を高め、結果的に自社制作番組が多くなっている可能性はある。この2局以外に地元新聞グループの出資割合が高いのは北海道文化放送であるが、図表6-17(1)に示した通り、北海道新聞社が出資率28.1％から48.1％に増やした翌年の2005年度から急激に自社制作比率を上げている。

自社制作をしなくても番組は東京キー局から供給されるローカル局において、自社制作比率を10％近く一気に上げるという経営判断は相当に大胆なものであり、地元新聞が大株主となった経営サイドの決断なしにはできない舵取りだったのではないか。

8.2 「老舗型」ローカル局

北海道放送は中国放送の次に営業利益率が悪いが、中国放送のように、自社制作比率、1人当たり地域放送量とトレードオフにしているわけではない。これらの数値は共に低く、北海道エリアでは最低である。生産活動を抑制しているにも関わらず、中京テレビモデルのように収益性を上げることにつながっていない。東北放送も自社制作を1割未満に抑えているわりには、営業

---

[25] 中国放送は1952年にラジオ放送（当時の名称はラジオ中国）、1959年にテレビ放送を開始、同年にJNNに加盟し、1970年にTBS系列として一本化された。中国新聞の関連会社である。自社制作の意欲は高く、老舗局の強みから、広島カープファン感謝デーやフラワーフェスティバル中継等、独占的に放映権をもつ。1993年から夕方ローカルワイドに進出したが現在は縮小している。国内ではじめてインターネットでの野球中継を手がけ、NTTドコモのiモードに放送局として初の公式サイトを立ち上げ、さらにはエリアワンセグにも積極的で、新しいテクノロジーを取り込んでいこうという姿勢がみえる。

利益につながっていない事業者である。

　これら2つの局に共通しているのは、JNN系列の局ということである。JNN系列の局は、中京エリア以外のすべての放送エリアで最下位の営業利益率となっていて、系列ごとの全体の平均をとると図表6-19のようになり、収益性の悪さが際立っている。図表6-20は局別営業利益率期間平均の一覧である。

　JNN系列は全般に地域局の独立色が強いといわれている（内山, 1996；吉田, 2001）。地域で最も早く開局した事業者や地元地方紙の資本で成立した局が多く、その自負や、従業員の安定雇用や伝統事業への固執といった「老舗」的なカルチャー等が存在することが考えられる。それが中国放送のように地域メディアとしての意識を高めることに働くと自社制作比率を上げることにつながるが、生産活動の非効率に働くと、自社制作も収益性も低いという好ましくない民放経営を生んでしまうのではないか。

　中でも致命的なのは視聴者のニーズを汲みきれないというマーケティング力の不足をきたすことであろう。活字媒体以上に映像を伴うテレビというメディアはより刹那的トレンドに左右される。視聴者の関心を得るためには、映像や音声表現において機敏に時代の流行を取り入れる必要があるが、「老舗」的カルチャーはこれを阻む可能性がある。

　ここで東北放送を例にとってその事業活動に注目してみよう。東北放送は1952年にラジオ放送を、1959年にテレビ放送を、共に東北初の民放としてスタートさせている。母体となっているのは地元紙の河北新報社で、JNN発足時（1959年）に加盟し、1975年にTBS系列に完全移行した。4局の中で唯一、2002年から、東京キー局であるTBSの全国ネット番組を大幅に差し替える形で、早朝ローカル番組に取り組んでおり、地元プロスポーツ情報をとりあげて好評を得ていたり、平日の昼ニュースと夕方ニュースの直前に時代劇の再放送を編成するという独自の戦略をとっていたり、独立性の高い経営を行っている。2005年4月に「2時のチャイハネ」（午後2時〜午後2時54分）という宮城ローカルの情報バラエティ番組を新規にスタートさせたが1年で打ち切り、2006年4月以降はキー局TBSの全国ネット番組を受けている。ちなみに、東北放送の有価証券報告書（2005年度）には、テレビ番組

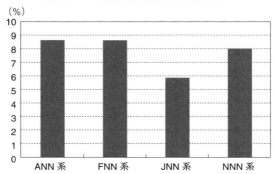

図表6-19　系列別営業利益率期間平均

出所:『日本民間放送年鑑各年度版』にもとづき筆者作成

図表6-20　局別営業利益率期間平均順位

	局別営業利益率期間平均		系列
1	中京テレビ放送	15.08	NNN
2	中部日本放送	11.73	JNN
3	名古屋テレビ放送	11.05	ANN
4	仙台放送	10.83	FNN
5	テレビ西日本	10.74	FNN
6	北海道テレビ放送	10.21	ANN
7	東日本放送	10.18	ANN
8	東海テレビ放送	10.10	FNN
9	福岡放送	9.85	NNN
10	九州朝日放送	9.81	ANN
11	宮城テレビ放送	8.69	NNN
12	RKB毎日放送	8.24	JNN
13	北海道文化放送	7.48	FNN
14	テレビ新広島	7.15	FNN
15	広島ホームテレビ	5.43	ANN
16	朝日放送	5.40	ANN
17	札幌テレビ放送	5.33	NNN
18	読売テレビ放送	5.17	NNN
19	関西テレビ放送	5.11	FNN
20	東北放送	4.65	JNN
21	広島テレビ放送	4.25	NNN
22	毎日放送	4.07	JNN
23	北海道放送	3.40	JNN
24	中国放送	3.30	JNN

出所:『日本民間放送年鑑各年度版』にもとづき筆者作成

制作費と地上デジタルテレビ放送の開始に伴う減価償却費の増加から営業利益が前連結会計年度比69.5％となったと記載されている。

　このように、東北放送は期間平均の自社制作比率は高くはないが、一定程度、自律した経営を指向している局であるわけだが、収益性が上げられない背景には、時々において視聴者のニーズとマッチしていないことが考えられる。地域の視聴者がどんな情報を欲しているか、特にテレビというメディアからどういう情報を得たいかというニーズと、局が発信する情報とのミスマッチが起こっている可能性があり、これは一般的にはマーケティング力の不足が指摘される。このような特徴の背景に、規制が生み出した非競争的な環境があることは否定できない。

8.3　放送エリアの縛り

　本分析は放送再編においてリーダーシップを取り得る基幹局を対象としている。本来であれば生産活動の指標である自社制作比率に格差がないことが望ましい。しかしながら、自社制作比率の関西4局の平均は30.85％で、4局平均が9.36％である宮城の局が肩を並べるためには20％以上自社制作比率を上げる必要がある。30％前後を自社制作する関西の局の年間総番組予算は各局とも250億円前後といわれており[26]、これは年間営業収益が平均で700億円近くあるから実現できる数字である。宮城の局の営業収益は平均で90億円に満たず、このままの条件で自社制作を20％以上上昇させることは計算上不可能である。

　ただし、エリア世帯規模の割に自社制作比率が小さい中京エリアの東海テレビ放送をのぞく3局はまだ自社制作を上昇させる余地があるのではないか。また、第8.1項でとりあげた営業利益率は高いのに自社制作を抑制しているような局は、リソースを番組作りに投入できるはずである。とはいえ、そうした努力も地域内での格差を解消する程度しか期待できないであろう。

　次に、1人当たり地域放送量であるが、第7.8項で指摘した通り、放送量の格差は最大で年間27分32秒あることがわかった。老若男女を対象に、高齢

---

26) 筆者の関係者へのヒアリングより。

者向け、勤労者向け、主婦向け、若者向け、子ども向け等と様々な情報を届ける必要がある民放テレビ局において、1人当たり年間27分32秒の差というのは決して小さい数字ではない。しかし、例えば地域平均の値が最も小さい関西の局が広島の局並に放送量を上げるには現在の3倍の量が必要となる。既に3割を自社制作している関西の局がさらに地域放送量を増やさなくてはならないことになり、こちらも現実的とはいえない。

いずれも、元々の放送エリアの世帯規模にしばられており、経営努力により克服できるようなものではないことには注意が必要である。状況を変えるにはこれまでのビジネスモデルにとらわれない新たな事業の形を模索する必要がある。

9 インプリケーション

以下に、検証を通して得られたインプリケーションをまとめる。

9.1 新しい評価基準

第一に、ローカルテレビ局を事業評価する際には、収益性以外の視点をもつことが重要である。本章では、放送再編において東京キー局主導以外のシナリオを模索するため、それぞれの地域ブロックでリーダー的役割を担っている基幹局に注目してその経営状態を検証した。第1章第1.3項で論じた通り、歴史的にネットワークの形成と維持を基軸に事業を行ってきた民放ローカル局は、比較的規模が大きい基幹局でさえ自社制作比率は高くはなく、多くの放送番組を東京キー局からの供給に頼っている。しかも、自社制作比率の低い局に営業利益率の高い局が目立つという事業傾向は自社制作への意欲を削ぐもので、収益性のみでローカルテレビ局を評価すると、放送政策の根本理念である「多元性・多様性・地域性」の原則は達成されない可能性が高い。

吉田（2001）は、ローカル局に求められるのは、地元でのコンテンツ制作能力とマーケティング能力であるが、単なる財務力でみるとこれらの努力を減少させるほど健全経営となり、放送局としての全体的な能力を評価する指

標が必要であると論じている。メディアという社会的機能を担う企業の経営分析においては単年度ごとの利潤といった側面のみで評価するのではなく、放送活動の影響力を示す指標も考慮するべきであると思われる。

新たな指標作りを試みた先行研究としては、田中・村上・矢﨑・船越・砂田（2007）がある。付加価値額（営業利益＋人件費＋賃貸料＋減価償却費＋租税公課）を被説明変数として競争が生産性に与える影響をみており、その中で自社制作比率がプラス有意になる結果を導き、「オリジナル番組の制作は生産性を高める」という結果を得ている。

現在、テレビ局のパフォーマンスを評価する数値は視聴率しかなく、これを基に取引される広告料が収益となる。自らが少ない予算で作る番組よりも、東京キー局がお金をかけて作る番組の方が高い視聴率が得られるという現状では、番組制作へのインセンティブは生まれない。ローカルテレビ局が自らの生産性を高めるようなインセンティブを与える事業評価基準が必要である。双方向性が実現できる地デジ環境下では、現状の統計学的な視聴率ではなく、より詳細な視聴動向や視聴者の意向も把握しようと思えば可能である。そうした新しい技術活用も指標作りに生かせるのではないだろうか。

9.2 新しい競争環境

次に、非競争的環境が生産性やマーケティング能力の向上に働かないという問題も浮き彫りになった。政府の「地上民放テレビ4局化構想」のもと、マーケットサイズに関わらず、一律に各エリアで4つないし5つの事業者が視聴者を奪いあっているわけだが、事業者の数が増えることも減ることも、また入れ替わりもない。こうした環境下では、倒産を避けるための事業の効率化を強いられることもなく、また、そもそも物理的な事業エリアの拡大はできないこともあり、事業拡大を狙っての大胆な経営戦略も必要とされない。

日本民間放送連盟の『放送ハンドブック（新版）』では、民放経営システムが抱える課題として以下のようなポイントを指摘している（社団法人日本民間放送連盟, 1997）。

・組織面：セクショナリズム、硬直化した人事ローテーションなどの縦割り

組織
・人事・労務面：人件費水準、残業代の多さ、年功序列で画一的な賃金体系・人事評価制度・役職制度、適正な人員数などの問題
・財務面：コスト管理の甘さ、販売費・一般管理費等の間接経費圧縮の問題、利益を後回しにした売上高最大化志向

　この記述からは、硬直的で高コスト体質な民放経営の問題点が自覚されていることがわかる。
　問題の一例を挙げると、地上波民間テレビ局社員の高賃金体系はかねてから指摘されている[27]。対象となった基幹局において、労働組合のない東日本放送、仙台放送、名古屋テレビ放送、中京テレビ放送の4局をのぞいた20局の組合組織率の平均は54.3％と比較的高い[28]。労働組合が強いところは、現場の業務をアウトソーシングすることに強い反発がある。特に、カメラマン、音声、テクニカル・ディレクター等の技術職においてその傾向は強く、高い組合組織率はこうした部門の人件費削減の妨げとなることがある。職種ごとに組合が形成されているアメリカとは違い、日本では企業単位の労働組合であり賃金交渉も一体で行われるので、近年、経営陣が人件費削減に注力しているにも関わらず、社員の給与体系を引き下げることは極めて困難となっている。
　こうした課題を克服するためには、まず、従来の地上波民間テレビ局間の競争ではなく、メディア界全体において新たな競争環境が出現していることを正面から受け止め、そのどこに自らが位置しているのかを正確に捉える必要があろう。人々は今や、スマートフォン、タブレット、パソコン等様々なデバイスを所有しており、ソーシャルメディアやインターネット動画といった新しいメディアの発展の中、より豊かな情報環境を欲している。ローカルテレビ局は地域の人々のライフスタイルの変化にあわせた多様な情報サービ

---

27)『週刊ダイヤモンド』2007年6月2日号が、有価証券報告書をもとに民放テレビ局社員の平均年収ランキングを「世間もうらやむ高給揃い」という見出しで掲載している。
28) データは、2003年〜2008年の日本民間放送労働組合連合会資料と『日本民間放送年鑑』より得た。

スを提供することでそうした情報環境を創出できるポジションにいるはずである。

　北海道テレビの樋泉実氏（現・代表取締役社長）は、1995年頃からのインターネットの躍進に際し、マーケティングが変わり、広告という単一の収入に頼るテレビ局のビジネスモデルに限界がくると予想、複数の収入を確保する体制に舵を切った。1996年に深夜枠で放送開始したローカル自社制作の「水曜どうでしょう」は異例の高視聴率を記録し、全国にも番組販売され、さらにはネット配信やDVD化でも大ヒットとなった。このことからコンテンツの2次利用等のビジネスに積極的となり、2003年頃から放送外収入が増えはじめ、売り上げの15％を占めるまでになっている（天野, 2009）。また、データ放送や衛星放送への展開等クロスメディア・マーケティングにも力を入れているという（鈴木, 2009）。

　ところで、伝統的にいくつかの民放事業者はテレビとラジオの兼営を行っており、今回対象としている基幹局では9局があてはまるが[29]、営業利益率に関しては苦戦しているところが多い。ラジオ広告費が減少していることに加え、事業の多角化において合理化が達成しにくい面があるのではないか。佐藤（2003）はラジオ部門の不採算は抱える従業員数の多さに起因するとみており、兼営局はテレビ単営局より50人から100人単位で多いことを指摘している。またラジオ、テレビ共に放送という生産活動は基本的に時間に規定されている。例えば、60分の生放送にはラジオ番組でもテレビ番組でも60分かける必要があり、時間に関して効率化を求めることが難しい。もとよりラジオとテレビでは番組制作の手法が全く違っており、コンテンツを共有することも現実的ではない。つまり、メディアの多角化を目指すのならDVDやネットでの動画配信等、映像を伴う形体の方がテレビ番組との親和性は高く、マルチユースによる収益増が見込めると考えられる。

　伝統的なビジネスモデルから脱却するという目標を設定すれば、組織改革

---

[29] 分析対象の24局中ラジオを兼営している9局は、元々ラジオ局としてスタートし、後にテレビ放送の免許を得ているが、例外は札幌テレビである。札幌テレビは全国で唯一テレビ放送開始後にラジオ放送免許を取得している。また、2005年よりラジオを分社化した。

や構造改革は必須となる。経営陣は、「1つの地上波チャンネルで視聴者に情報を届ける」という従来のビジネスに固執し、そこでの20%に満たない自社制作比率に甘んじることなく、真に地域情報の担い手としてのメディアサービス事業に進化することを宣言する覚悟が求められている。労働組合側も、経営環境を度外視して既得権を守ろうとする態度には再考の余地がある。

9.3 政策的含意

しかしながら、現実に上記のような経営戦略に事業者が転換するにはいくつかのハードルがある。ここからは、政策的含意としての視点からの課題を論ずる。

音（2006）は、地上デジタル放送議論が本格化した1995年以降、民放事業に関して、「キー局・全国紙」が増資や役員の派遣等で系列局への影響力を強めていることを明らかにしている。このため、地上デジタル放送に期待されていたデータ放送等の地域情報サービスの強化に踏み切れないでいる事業者が多いとし、地デジ移行後の「地域性」についてどう充実していくのか、より高度な政策的検討が必要であると論じている。

小塚（2003）はネットワークで結ばれた協定に注目し、それが企業組織と代替的な継続的契約関係に近いものになっており、ローカル局の積極的な事業活動を促す仕組みに欠けていると指摘している。「ローカル局は、経済合理性を離れた高い職業意識から行動するのでない限り、番組の制作や編集、営業活動等に対して資源を投入し、成果を求める動機を持ちにくい」（p.3）とし、「地域性」を達成するためには、ケーブルテレビや衛星放送等、他の映像メディアも巻き込んだ競争を促進する政策が必要であると結論している。

磯野（2005）は地方自治体と地域の放送局との連携に活路を見いだし、官民が協力して地域情報発信システムの開発、人材育成、基金の設立を行うことで、キー局支配から自立して地域情報機能を発揮できるとしている。

いずれも政策的関与を要請する立場であり、従来の放送政策の継続ではローカル局が地域性を発揮することができないことを示唆している。それでは、どのような施策が考えられるのか。

(1) 放送エリア規制の見直し

　1つには、放送エリア規制の見直しが挙げられる。第8.3項で示した通り、行政区分にしばられた放送エリア規制は事業活動に限界を作っている。特に県域免許の局は、その元々のマーケットサイズにおいて広域免許の局に劣るので、番組制作を支えるだけの経済力が地域に不足している。仮に、宮城県の局が県外にも放送エリアを広げることができるとすれば、番組制作で収益を増やすという経営もとり得る。もちろん、視聴者の支持を得られる番組でなければならず、そこに地域情報サービスを主軸とした競争が生まれる。現在のマスメディア集中排除原則緩和政策に隣接特例[30]はあるが、「一の子会社が2以上の放送対象地域に係る地上基幹放送を兼営することは原則不可[31]」とされていて、放送対象地域を拡大できるわけではない。1局が県域を超えて放送エリアを広げるのであれば、マスターコントロールルーム（主調整室）等の送出機能の統合により費用面でのメリットあるが、兼営や子会社化では効果は限定的となる（佐藤, 2003）。

　総務省・情報通信審議会の「通信・放送の総合的な法体系の在り方（平成20年諮問第14号）答申」では地上波放送の放送対象地域について、拡大の検討に言及しており、将来的には県域を超えた事業展開の可能性も出てきた。

　図表6-21にこのとき出された地上波テレビ放送事業者の意見をまとめたが、懸念を示したのは意見を提出した24局中5局のみで、事業者の間でも県域を超えた拡大が徐々に浸透してきていることが窺える。特に、基幹局の中では相対的に世帯規模の小さい宮城・広島・福岡の事業者は、制度改正も視野に入れた長期の展望が必要となろう。

　他方で、複数自治体を放送エリアとする広域免許の局では、きめ細かな地域情報を提供するという点で劣っていることも明らかとなったが、放送エリ

---

30)「基幹放送の業務に係る表現の自由享有基準に関する省令」（平成23年6月29日総務省令第82号）第3条第1項第3号において、連携の対象となるすべての放送対象地域（広域放送を除く）がそのうちいずれか一つの放送対象地域に隣接する場合はマスメディア集中排除原則が適用除外となると規定されている。
31) 総務省「放送制作に関する調査研究会」第5回会合資料5-1「マスメディア集中排除原則と認定放送持ち株会社制度について」より抜粋。

図表6-21 放送対象地域拡大について提出された意見

北日本放送	地上放送の放送対象地域について拡大検討が記されているがその意図が不明である。現在の放送普及基本計画は基本的には都道府県を単位としており、行政区画と対応して基幹放送の地域を規定し、ネットワークは全国的に連携して「地域性」を含む基幹放送の機能を担っている。放送対象地域の拡大検討に当たっては行政区画や事業構造に渡る総合的な視点が必要である。
熊本県民テレビ	これまで県域免許制により、ローカル放送事業者は、災害等の報道で、地域住民の安全と生命を守る責務を果たすとともに、地域情報の発信で、地域文化の維持、地域経済の活性化、さらには郷土愛の醸成等、地域住民と地方ならではの関係を築いてきた。放送対象地域拡大の検討にあたっては、こうした地域の実情を十分理解したうえで、ローカル放送事業者の意見を取り入れていただきたい。
中国放送	国はこれまでの放送普及基本計画に基づき放送の秩序を維持してきた。放送対象地域が都道府県単位となっていることの歴史的・地域的事情等を十分ふまえ、無秩序な放送エリアの拡大につながらないよう、そして今以上に豊富な地域情報が発信可能になるよう考慮すべき。
富山テレビ放送	地方の民放事業者は、地域免許制度のもと地域社会における基幹放送としてその役目を担ってきた。また、全国の放送局数は、放送普及基本計画が示すように、地域の経済基盤に合わせて配置され、均衡が保たれている。災害時の対応など報道機関としての役目を果たすためにも、既存の放送事業者の経営や福岡放送事業形態等に影響を及ぼさないように慎重な検討を要望する。
福岡放送	放送普及基本計画は、確保すべき放送メディアの種別や放送対象地域、放送対象地域ごとの放送系の数の目標を定めるもので、特に放送局の数については、その地域の経済力と放送局としての経営が成り立ち、放送の役割と機能が果たせるかを考慮してその数が定められたものである。 一定の条件の下での拡大として想定されるのは、放送対象地域の広域化や、いわゆる3波以下の少数チャンネル地域における欠落している放送系の拡大が考えられるが、地域間格差の是正の役割を担う観点だけではなく、当該地域の既存放送事業者に与える経営的な影響や、拡大による経営的なダメージにより、同事業者が制度的に確実に確保すべき放送の役割と機能を果たせるのかどうか等、実現可能性については慎重に検討することが重要である。

注：放送対象地域の拡大について言及しなかった事業者は、TBSテレビ、テレビ朝日、テレビ信州、テレビ東京、テレビ新潟放送網、新潟総合テレビ、日本テレビ放送網、広島テレビ放送、フジテレビジョン、毎日放送、山形放送、山口放送、山梨放送、読売テレビ放送、チューリップテレビ、中京テレビ放送、静岡放送、朝日放送、札幌テレビ放送である。
出所：総務省「通信・放送の総合的な法体系の在り方〈平成20年諮問第14号〉答申（案）」の「4.コンテンツ規律（3）具体的規律　1.一定の放送を確保するための規律」に対する意見募集の結果（平成21年7月22日公表）より筆者作成

ア規制の見直しを行えば、それぞれの特徴を出した地域放送ができるのではないか。例えば現在は関西広域圏ではすべての事業者が大阪に本社を構えているが、京都や神戸を拠点とする選択肢もあり得るし、日本海側エリアを重点的にカバーする地域放送があってもいいはずである。

行政区分にとらわれず、放送エリアの設定において事業者の自由度を高めるような制度設計は今後検討されるべきであろう。チャンネル割り当ての見

直し等には相当の手続きが必要となるだろうが、現在の番組制作をしない方が経営状態が良いという構図は極めて不健全であり、より良い地域放送をめぐっての競争環境が生まれるように方向修正する時ではないだろうか。

(2) 行為規制の検討

ローカル局の地域性発揮の施策としては、第1章第1.4項で言及した地域性担保のためにローカル番組比率に数値目標を設ける「行為規制」も検討に値する。章末図表6-22からわかる通り、基幹局においても東京キー局（或いは系列全国紙）が株主となっているところは多く、資本面でも依存している。この状況で局の自主性に任せていては、ローカル番組を充実させる方向に働くとは考えにくい。地上デジタル放送ではマルチ放送が可能となっていて、1つの局が標準画質であれば最大3チャンネルを放送できるが、現在、ほとんど活用されていない。制作力不足や視聴率の「カニバリズム」を敬遠することの他に、東京キー局制作の番組に出稿しているスポンサーのCMを高画質から標準画質に落とすことはできないと配慮することも要因の1つである。

しかしながら、災害時においても放送エリア内の情報を伝えずに東京キー局が放送する関東圏の情報だけを流し続けるというのでは、エリア内の住民の不利益は多大である。地上波民間テレビ局は地域の周波数を優先的に割り当てられており、放送に付随する無線等も利用できる事業者である。リソース不足やネットワークの事情を理由に災害報道を怠ることは許されない。マスメディア集中排除原則はさらなる緩和の方向にあり、ローカル局の「中央」への資本依存が強まることが予想される中、一定程度のローカル番組比率を資本投入への条件とすることも考えられるだろう。

(3) 総合地域情報プロバイダー

最後に、ローカルテレビ局に総合的な地域情報プロバイダーを目指すように促す政策も求めたい。ローカルテレビの主たる事業は地域コンテンツを映像化して地域住民に送り届けることであるが、それはもはや地上波に限定する必要はないし、テレビ受像機だけを対象にするものでもない。国内のブロ

ードバンドネットワークは高度に整備されており、無線通信技術開発もめざましい進歩を遂げている。テレビ、パソコン、スマートフォン、タブレットの４スクリーン化は今後も促進され、これらの機器を通じてシームレスにコンテンツにアクセスしたいというニーズはますます高まっている。地上波放送の自社制作時間には限りがあり、広域圏において地域情報が薄まってしまうのであれば、インターネットを通じて配信すればよい。あるいは、地域のケーブルテレビ局と連携して番組を放送するという展開もある。

　地上波民間テレビ局の映像取材力は現時点において圧倒的であり、ネットメディアでは未だ確立されていない信頼性も得ているといっていいだろう。さらにはメディア消費スタイルの変化においても、高齢者に「やさしい」情報提供の在り方は確保されねばならず、老若男女にあまねく情報を届けてきた地上波民間テレビ局のノウハウが発揮されるべき分野である。こうしたアドバンテージを生かし、地域の映像情報を多様な手段で提供することは、間違いなく地域住民の利益となる。しかし、事業者にとってはマネタイズモデル（収益モデル）が定まっていないため、積極的に手を付けないのが現状である。

　例えば、地上波のローカルニュースで放送した内容はすべてインターネットにアーカイブ化して容易にアクセスできるようにすること等を政策的に明示して推奨すれば、保守的な民放経営の重い腰を上げさせることができるのではないか。もちろん、その際には地域ニュースに関するものは、ネット上においても「フェアユース」として著作権等を問わない、もしくは適切な権利処理の仕組みを整備するといった手当も必要となる。

　報道を担うテレビ局については、コンテンツのみならずその経営にも公権力が関与することは必要最小限にしなければならないことは当然であるが、独自性を尊重することで技術革新、創意工夫の競争が起こり、より良いサービスが創出される分野と、そうでない分野がある。放送人のインターネットやデジタルテクノロジーへのリテラシーは必ずしも高くなく、競争にさらされ始めたとはいえ、未だ収益性も確保されている。自主的な新しいサービスが出てくるのを待っている間の住民の「機会損失」は大きい。国際的な競争という観点からも、テレビ局が総合的な情報プロバイダーへの歩みを躊躇し

ていることがマイナスであることは明白である。公益性の高い地上波民間テレビ局に対して、時代に即した情報提供者への脱皮を促す政策はあってしかるべきだ。

　放送はこれまで極めて閉鎖的で硬直的な産業であったが、放送と通信の融合が予想以上のスピードで進展する環境のもとで、今後は産業内外の情報を公開して広く議論の対象とし、新旧の事業者はもちろん、一般企業、地域団体、視聴者も含む幅の広い視点から、改革・成長させていくことが求められている。

図表6-22　系列メディアグループと地元新聞グループの出資比率（％）の推移

年度	局名	系列MG	地元新聞G	局名	系列MG	地元新聞G	局名	系列MG	地元新聞G	系列
2002	北海道テレビ放送	35.1	0.0	東日本放送	34.9	6.0	名古屋テレビ放送	36.9	0.0	ANN
2003		35.1	0.0		34.9	6.0		36.9	0.0	
2004		35.1	0.0		34.9	6.0		36.9	0.0	
2005		35.1	0.0		34.9	6.0		36.9	0.0	
2006		35.1	0.0		34.9	6.0		36.9	0.0	
2007		35.1	0.0		34.9	6.0		36.9	0.0	
2002	北海道文化放送	0.0	28.1	仙台放送	39.0	0.0	東海テレビ放送	3.3	55.1	FNN
2003		0.0	28.1		39.0	0.0		3.3	55.1	
2004		19.5	48.1		39.0	0.0		2.1	55.1	
2005		19.5	48.1		39.0	0.0		3.3	55.1	
2006		19.5	48.1		39.0	0.0		3.3	55.1	
2007		19.5	48.1		39.0	0.0		3.3	55.1	
2002	北海道放送	0.0	0.0	東北放送	0.0	23.1	中部日本放送	0.0	6.1	JNN
2003		0.0	0.0		0.0	23.1		0.0	6.1	
2004		0.0	0.0		0.0	23.1		0.0	9.9	
2005		0.0	0.0		0.0	23.1		0.0	9.9	
2006		0.0	0.0		0.0	23.1		0.0	9.9	
2007		0.0	0.0		0.0	23.1		0.0	9.9	
2002	札幌テレビ放送	22.7	0.0	宮城テレビ放送	27.3	0.0	中京テレビ放送	16.3	0.0	NNN
2003		26.4	0.0		27.3	0.0		16.3	0.0	
2004		27.0	0.0		47.8	0.0		16.3	0.0	
2005		27.0	0.0		47.8	0.0		16.3	0.0	
2006		13.9	0.0		47.8	0.0		16.3	0.0	NNN
2007		13.9	0.0		47.8	0.0		16.3	0.0	

図表6-22 つづき

年度	局名	系列MG	地元新聞G	局名	系列MG	地元新聞G	局名	系列MG	地元新聞G	系列
2002	朝日放送	19.1	0.0	広島ホームテレビ	20.1	0.0	九州朝日放送	21.2	0.0	ANN
2003		19.1	0.0		20.1	0.0		23.8	0.0	
2004		21.8	0.0		24.3	0.0		23.9	0.0	
2005		27.7	0.0		24.3	0.0		23.9	0.0	
2006		27.7	0.0		24.3	0.0		23.9	0.0	
2007		27.8	0.0		24.3	0.0		23.9	0.0	
2002	関西テレビ放送	0.0	0.0	テレビ新広島	37.1	5.7	テレビ西日本	5.0	6.5	FNN
2003		0.0	0.0		37.1	5.7		5.0	6.5	
2004		0.0	0.0		37.1	5.7		5.0	6.5	
2005		0.0	0.0		37.1	5.7		5.0	6.5	
2006			0.0		37.1	5.7		5.0	6.5	
2007		0.0	0.0		37.1	5.7		5.0	6.5	
2002	毎日放送	0.0	0.0	中国放送	6.0	7.3	RKB毎日放送	16.5	0.0	JNN
2003		0.0	0.0		6.0	7.3		16.5	0.0	
2004		0.0	0.0		0.0	30.0		16.5	0.0	
2005		8.1	0.0		0.0	30.0		16.5	0.0	
2006		4.4	0.0		0.0	30.0		17.0	0.0	
2007		4.4	0.0		0.0	30.0		16.5	0.0	
2002	読売テレビ放送	31.6	0.0	広島テレビ放送	39.5	0.0	福岡放送	29.1	0.0	NNN
2003		32.4	0.0		39.5	0.0		29.1	0.0	
2004		32.6	0.0		56.0	0.0		36.9	7.0	
2005		32.6	0.0		56.0	0.0		36.9	7.0	
2006		32.6	0.0		56.0	0.0		36.9	7.0	
2007		33.5	0.0		56.0	0.0		36.9	7.0	

出所:『日本民間放送年鑑各年度版』に基づき筆者作成

参考文献

天野零一郎(2009)「徹底検証 地上デジタル放送第58回・変調!放送局経営⑤ 格差ひろがるローカル民放」『フルデジタル・イノベーション』Vol. 118, pp.22-27.

磯野正典(2005)「地域情報化社会実現に向けた地上デジタル放送の取り組み――デジタル時代の模索・中京圏テレビ局によるデータ放送の可能性と課題」『情報文化学会誌』第11巻第1号, pp.41-48.

一般社団法人日本ABC協会(2010)『新聞発行社レポート半期・普及率』2009年7月~12月.

内山隆(1996)「地上波民放の経営的ネットワークの現状」『慶應義塾大学新聞研究所年報』第46巻, 慶應義塾大学, pp.119-148.

音好宏(2006)「デジタル時代に向けた地域放送局の社会的機能に関する実証的研究」『平成18年度放送文化基金研究報告会「災害情報伝達とデジタル放送の可能性」』財団法人

放送文化基金, 2006年9月22日（http://www.hbf.or.jp/grants/society/18_oto.html, 最終確認日2010年2月3日）.

小塚荘一郎（2003）「放送事業関連契約の研究——継続的契約としての民放ネットワーク」『研究報告』放送文化基金（http://www.hbf.or.jp/grants/pdf/j%20i/15-ji-koduka.pdf, 最終確認日2009年12月2日）.

佐藤勇一（2003）「『持株会社』を活用したローカル局統合の論点整理」『Mizuho Industry Focus』Vol. 5, みずほコーポレート銀行産業調査部.

清水量介・田島靖久・田中博・深澤献（2007）「特集 テレビ局崩壊」『週刊ダイヤモンド』2007年6月2日号, ダイヤモンド社, pp.28-61.

社団法人日本アドバタイザーズ協会（2008）『第21次民放テレビ局エリア調査 2008年度版』.

社団法人日本民間放送連盟（1997）『放送ハンドブック（新版）』東洋経済新報社.

社団法人日本民間放送連盟（2003-2008）『日本民間放送年鑑』コーケン出版.

社団法人日本民間放送連盟（2006）「多メディア時代における放送の役割」（「通信・放送の在り方に関する懇談会」ヒアリング参考資料 http://www.soumu.go.jp/main_sosiki/joho_tsusin/policyreports/chousa/tsushin_hosou/pdf/060322_3_s2.pdf, 最終確認日2014年4月5日）.

菅谷実（2013）「ポスト・メディア融合時代の情報通信市場」『メディア・コミュニケーション』No.63, 慶応義塾大学メディア・コミュニケーション研究所.

菅谷実編著（2014）『地域メディア力——日本とアジアのデジタル・ネットワーク形成』中央経済社.

鈴木健二（2004）『地方テレビ局は生き残れるか——デジタル化で揺らぐ「集中排除原則」』日本評論社.

鈴木祐司（2009）「シリーズ "融合"時代・放送メディアの課題と可能性② 岐路に立つテレビ——ピンチとチャンスにどう対峙するのか？」『放送研究と調査』2009年7月号, NHK放送文化研究所, pp.2-23.

総務省（2009）「通信・放送の総合的な法体系の在り方（平成20年諮問第14号）答申」.

田中辰雄・村上礼子・矢﨑敬人・船越誠・砂田充（2007）「メディア・コンテンツ産業での競争の実態調査」公正取引委員会競争政策研究センター協同報告書 CR 02-07.

東北放送株式会社（2005-2006）『東北放送株式会社の有価証券報告書』（2005年4月1日～2006年3月31日期）, 有価証券報告書オンライン閲覧サービス有報リーダー（http://www.uforeader.com/v1/se/E04377_0060DHGT_6_6.html##E0008, 最終確認日2010年3月11日）.

中田和宏・島矢勝久（2006）「テレビ送出統合設備の構築と運用——日本初の設備」『映像情報メディア学会誌』第60巻第5号, pp.702-706.

野原仁（2006）「デジタル化による地上波民放テレビ局の経営へのインパクトに関する実証的分析——地上波民放ローカルテレビ局の合併・再編に関する考察(1)」『岐阜大学地域科学部研究報告』第18号, 岐阜大学地域科学部, pp.1-29.

山下東子 (2000)「テレビ放送における『基幹放送』の条件とその変化」『公益事業研究』第52巻第1号, 公益事業学会, pp.71-78.
湯淺正敏・宿南達志郎・生明俊雄・伊藤高史・内山隆 (2006)『メディア産業論』有斐閣コンパクト.
吉田望 (2001)「BOD―Business Oriented Digitalization―放送政策の転換点」(http://www.nozomu.net/journal/doc/BOD.pdf, 最終確認日2010年2月11日).

第7章
地方自治体の情報供給

　本章では、地方公共団体の情報発信とその伝達について、主に災害時を念頭に地域メディアとのつながりにもポイントをおいて検証する。具体的には、兵庫県内の市町に対して行った情報化アンケートを提示して、行政の地域情報提供の現状とその在り方を議論する。

1　市町村レベルの情報発信の意義

　近年、多発する自然災害においては、自治体が地域住民に対してどれだけ迅速に情報を伝達できるかが最重要課題となっている。従来の屋外スピーカー型の防災行政無線は風雨の音で聞き取れないことも問題となっており[1]、ICTも活用した複数の伝達手段による新たな情報基盤整備が急がれる。総務省は公共情報コモンズ（Lアラート）[2]の普及を推進しているところだが、都道府県単位での参加を基本としていることから、都道府県内の市町村の情報化レベルのばらつきが問題視されている。

---
1) 例えば、死者・行方不明者39人を出した2013年10月の台風26号による伊豆大島の土石流被害でも防災無線スピーカーの音が風雨の音で聞こえなかったことが指摘されている。
2) 公共情報コモンズとは、地方公共団体等が発信する災害等の安心・安全に関わる情報を集約・共有し、テレビ、ラジオ等の様々なメディアを通じて、地域住民に迅速かつ効率的に一括配信するための共通基盤で、2011年6月より実用サービスが開始されている。一般財団法人マルチメディア振興センターによると2014年9月9日現在で、22都道府県が運用している。

「ゲリラ豪雨」のような局地的災害においては、まさに市町村の情報発信能力が避難行動の鍵を握っているし、広域災害においても救援の手を隅々まで行き渡らせるためには、市町村単位でのきめ細かな情報を収集することが必要である。市町村によって情報化レベルにばらつきがあると、情報化が立ち遅れている自治体の住民が災害時に不利益を被ることにもなりかねず、それは命を守る行動にも影響する。

　無論、こうした情報伝達は、有事の際だけの運用では効果は低く、普段から活用されていることが重要である。つまり地方自治体におけるICTの利活用への姿勢が問われており、これは、首長の認識、人材の有無、自治体の規模、財政状態、地域の情報基盤環境等により、現状の取り組み状況に差が生じている。

　そこで、本章では兵庫県内の全41市町を対象に行った「ポータルサイトとソーシャルメディアを活用した情報発信について」というアンケート調査の結果を報告する。1つの県内において地方自治体のICTを利活用した情報発信への取り組みにどの程度の差があるかを把握することで、地域情報供給側が向き合うべき課題を浮き彫りにする。なお、「日本の縮図」ともいわれる兵庫県の多様性については第5章第3節を参照されたい。

2　アンケート概要

　本アンケート調査は、兵庫ニューメディア推進協議会の調査研究グループ活動に採択された「ポータルサイトとソーシャルメディアを利用した情報発信の可能性についての研究」の一環として実施されたもので、2012年11月26日から12月14日にかけてと、2013年11月15日から翌年2月25日にかけての2回行われた。アンケートの目的は、自治体とNPO法人等の協業によるポータルサイトとUstream・Twitter等、即時性のあるソーシャルメディアネットワークを組み合せた情報発信の可能性を探ること、特に災害時に備えた情報発信の手法について検討するために各地域の特性を考慮に入れながら、タブレット端末等を利活用した情報発信について、その操作性や導入する際の留意点・問題点を抽出することである。

図表7-1 アンケート対象市町の基礎データ

市町名	人口 (2013年3月31日)	世帯数 (2013年3月31日)	職員数 (2013年4月1日)	部署名
神戸市	1,555,160	732,306	15,246	情報化推進部
姫路市	543,866	226,241	3,787	情報政策課
尼崎市	467,673	224,883	3,189	情報政策課
明石市	296,512	128,808	2,018	情報管理課
西宮市	480,672	213,228	3,540	広報課
洲本市	47,487	20,114	475	企画情報部情報課
芦屋市	96,498	43,571	966	企画情報部情報政策課
伊丹市	201,238	85,432	1,854	総務部市長公室情報管理課
相生市	31,052	13,250	305	企画広報課
豊岡市	87,036	32,586	926	情報推進課
加古川市	271,637	110,196	1,668	ＩＴ推進課
赤穂市	50,512	20,083	912	行政課
西脇市	43,253	16,608	673	ふるさと創造部情報政策課
宝塚市	233,967	100,174	1,999	広報課
三木市	80,999	32,225	913	企画財政課
高砂市	94,638	38,584	1,084	企画総務部総務室情報政策課
川西市	160,815	67,745	1,229	総務部総務室情報推進課
小野市	50,231	19,028	541	総務部情報管理課
三田市	114,782	44,021	1,140	企画財政部広報課
加西市	46,734	17,072	652	総務部情報政策課
篠山市	44,059	16,866	452	総務課
養父市	26,238	9,689	369	総務課
丹波市	68,749	25,180	661	総合政策課
南あわじ市	50,609	18,867	534	総務部情報課
朝来市	33,076	12,374	408	市長公室秘書広報課
淡路市	47,229	19,800	506	企画部情報課
宍粟市	41,795	14,549	733	企画総務部契約管理課
加東市	39,922	14,913	471	総務部総務課
たつの市	80,194	29,518	840	総務部情報推進課
猪名川町	32,079	11,938	256	企画部企画財政課
多可町	22,952	7,515	249	総務課
稲美町	31,811	11,844	162	経営政策部企画課
播磨町	34,763	14,203	171	企画グループ
市川町	13,300	4,823	129	総務課
福崎町	19,543	7,209	179	企画財政課
神河町	12,434	4,122	351	総務課
太子町	34,681	12,902	192	総務部総務課

図表7-1　つづき

市町名	人口 (2013年3月31日)	世帯数 (2013年3月31日)	職員数 (2013年4月1日)	部署名
上郡町	16,634	6,510	168	総務課
佐用町	19,174	7,114	341	総務課
香美町	20,112	6,827	320	企画課
新温泉町	16,186	5,845	306	企画課

注：市町コード順に掲載。人口・世帯数は住民基本台帳に基づく。職員数は兵庫県県市町振興課調べ。
出所：兵庫県産業労働部より提供

　アンケート対象となったのは兵庫県内の全自治体29市12町で回収率は100％である。アンケート対象には事前にメールで連絡をし、回答手段としては兵庫県電子申請共同運営システム（一部はメール回答）を活用した。アンケート対象市町の基礎データと担当部署は図表7－1の通りである。

3　ソーシャルメディア活用の現状

　第1回アンケートでは、自治体ホームページへのソーシャルメディアの活用状況について聞いている。Facebookについては、17％の市町が導入済み、29％が導入検討中である（図表7－2）。Twitterは導入済みが12％、導入検討中が22％となっている（図表7－3）。先行してソーシャルメディア利活用に着手している自治体がいくつかはあるが、導入予定なしとする自治体が多数となっている。

　平成25（2013）年版の「情報通信白書」は、自治体のソーシャルメディア活用動向に注目し、ソーシャルメディアの利点及び問題点へのそれぞれの自治体の見方を聞く中で、ソーシャルメディアの活用自治体と非活用自治体ではその認識に違いがあることを明らかにしている。活用自治体が「財政負担・労力が少なくてすむ」という利点を評価する割合が高い（54.6％）のに対し、非活用自治体ではその割合は半分以下（23.5％）である。また、ソーシャルメディアの問題点として「情報漏洩・誤情報・デマ・権利侵害・不適切な発言のリスク」を非活用自治体の61.2％が挙げるのに対し、活用自治体では49.3％にとどまっている。

　ここからは、いわゆる「食わず嫌い」の弊害が窺える。実践することなし

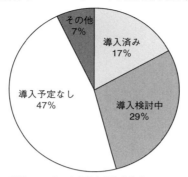

図表7-2　自治体ホームページへのFacebook導入について

出所：アンケート結果より筆者作成

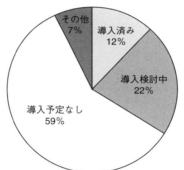

図表7-3　自治体ホームページへのTwitter導入について

出所：アンケート結果より筆者作成

にはその利点は実感できないし、杞憂の元ともなる。しかも、新しいメディアを浸透させていくには、活用を開始してからの試行錯誤が何より重要である。情報の受け手である住民が、どんな情報をどのタイミングでどのような形で受け取りたいかということを実践の中から汲み取り、サービスを向上させていくしかない。当然のことながら、それは各自治体の事情によって異なるはずで、成功事例のマニュアルをもってくればいいというものではない。ソーシャルサービスの利活用において先行する自治体とそうでない自治体との格差が広がっていくことが懸念される。

図表7-4 ソーシャルメディアを利用した行政情報の発信を行いたいと思うか

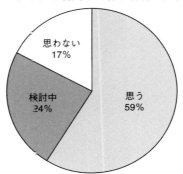

出所：アンケート結果より筆者作成

　ただ、1年後の2013年に行われた2回目のアンケート調査では、「ソーシャルメディアを利用した行政情報の発信を行いたいと思うか」（図表7-4）という質問に対し、「思う」と「検討中」をあわせると83％が前向きに回答しており、こうした意向を実践に導く施策を県や国が積極的に行うことも重要である。人的支援を目的とした総務省の「地域情報化アドバイザー[3]」や「ICTマネージャー[4]」の派遣制度はそのような施策の1つといえる。

　ところで、第1回の調査ではホームページへのUstreamの導入についても聞いている。図表7-5の通り、導入しているのはわずか2つの自治体だけである。Ustreamはインターネットを使った無料の動画共有サービスで、ライブでも動画配信ができるのが特徴であるが、ライブ映像で情報発信をするというのは地方自治体にとってはまだまだハードルが高いようだ。ただ、別途ホームページ内のサービスを聞いた中では、YouTubeを活用している自治体が24あり、首長の会見や観光情報の録画発信等に利用されている。こ

---

[3] 地域の要請にもとづき、ICTによる地域活性化に意欲的に取り組む事業に対して、総務省が委嘱した「地域情報化アドバイザー」を派遣することにより、支援地域の地域情報化を「基盤」「利活用」「人材」の3つの側面から総合的にサポートする施策で2007年度にスタートしている。2013年度には全国で170件の派遣実績となっている。

[4] より手厚い人的支援のためにICT基盤・システムを利活用して効率的・効果的な事業の運営を検討する地域に対し、具体的・技術的なノウハウ等を有するICT人材を一定期間にわたり派遣する事業で、2012年度に開始された。

図表7-5　自治体ホームページへのUstream導入について

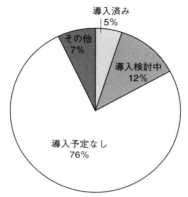

出所：アンケート結果より筆者作成

の他、河川監視カメラのライブ映像等をインターネットで公開する試みは全国的に広がっており、さらには公共施設でのデジタルサイネージ（電子掲示板）の設置も増えていることから、今後は、映像も効果的に使った行政情報の発信が期待されるところである。

4　災害時の情報発信

　災害時の住民への避難の指示等は、災害対策基本法に基づき、原則市町村長が行うことになっている。避難所開設情報も市町村が主体となって地域住民に伝えるものである。このため自治体では、直接、住民に対して呼びかけを行う手段を確保している[5]。第1回のアンケート調査では、防災行政無線の導入とCATV等を利用した音声告知端末の導入について聞いており、それぞれ図表7-6、7-7に結果を示した。

　兵庫県の市町の防災行政無線導入状況は、51％が導入済み、17％が導入検

---

[5] 地方公共団体から住民への災害時の有効な情報伝達手段としては緊急速報メールの活用も進んでいる。携帯電話事業者が気象庁が配信する緊急地震速報や津波警報の他に、地方公共団体が配信する災害・避難情報を対象エリア内にいる加入者に一斉に配信するサービスである。一部対応できない機種や受信設定が必要な場合がある。

図表7-6　防災行政無線の導入について

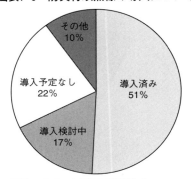

出所：アンケート結果より筆者作成

図表7-7　CATV等を利用した音声告知端末の導入について

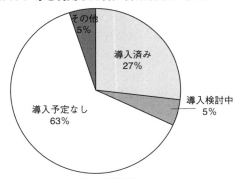

出所：アンケート結果より筆者作成

討中、22％が導入予定なし、という結果であった。総務省公開の「市町村防災無線等整備状況」によると、平成24（2012）年度末で全国の同報系市町村防災無線システムの整備率は76.3％であり、これと比較すると兵庫県内の整備率は低い。この理由としては、兵庫県内には山間部を広域にもつ自治体が多く、地形的に防災無線の設置には高額な設備投資が必要となることが障害となっていることが考えられる。

　そのような自治体では、ケーブルテレビを整備している場合が多い。元々は地上波放送の難視聴対策であるが、そのインフラを活用して有線での音声

告知システムを導入している自治体が27％あった。但し、63％がケーブルテレビ等を利用した音声告知端末の導入予定はないと答えており、兵庫県内のケーブルテレビ世帯普及率は70.1％と全国普及率51.5％（平成26（2014）年3月末現在）を大きく上回っているものの、都市部を中心に公設型ではないケーブルテレビ局が多く、自治体による音声告知システムの運用が難しいと思われる。また、告知システムを導入していても、それが老朽化し次のシステムを検討する中で、高齢者の住民が多数を占める地域で、安価で多くの住民に情報を届けられるツールは何かに悩む自治体が自由記載の項目で見られた。

ところで災害時の自治体からの情報発信としては、住民への告知以外に、自治体の外へ連絡を取る手段を確保しなくてはならない。内閣府によると、地震等の災害発生時に土砂災害等により孤立可能性のある集落は全国で1万9,000カ所あるとされ、その際の通信手段として衛星携帯電話整備の補助金制度を実施している。

2回目のアンケート調査で、庁内の衛星電話整備状況を聞いたところ、88％（36市町）が「衛星電話がある」という結果となった（図表7-8）。衛星電話の重要性は認識されているようであるが、その衛星電話が整備されている36市町のうち「通信テストを定期的に実施している」のは25市町にとどまった（図表7-9）。衛星電話は軌道上の通信衛星の電波を捉える必要があり、建物や天候による電波障害の影響も受けやすい。実際の利用環境で定期的にテストを実施し、充電やバッテリーの確認を行っていないと、有事の際に迅速に活用できない。

また、今回のアンケートは「庁内」での衛星電話の整備状況を聞いているが、実際に通信手段を遮断される可能性が高いのは山間部などの小さな集落である。兵庫県の調査によると、平成22（2010）年8月末現在で県内の孤立可能性集落数は30市町で456集落にのぼっている。こうした個別集落に衛星電話はほとんど配備されておらず、今後の検討課題であろう。

なお、自由記載による「その他、情報発信において苦慮している点や課題」（第2回調査）では、以下のような記述があった。

図表7-8　庁内に衛星電話はあるか

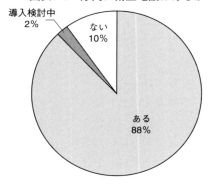

図表7-9　衛星電話の通信テストを定期的に実施しているか

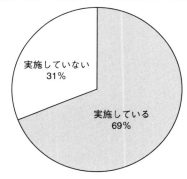

・災害の種類により有効な情報伝達手段が異なるため、できる限り多くの手段で情報提供するよう努めているが、防災行政無線の電波不感地帯、天候による屋外スピーカーの伝達範囲縮退、携帯電話の不感地帯などもあり、災害情報を住民に確実に伝達することの困難性を実感している。
・CATV未加入者及びインターネット環境を有しない世帯、また高齢者世帯への迅速な情報提供に苦慮。
・防災無線未整備の状況でスピーカー等を設置しておらず、携帯電話を利用した防災情報の発信をしているが、携帯電話を持っていない高齢者等、情

図表7-10　災害時住民への情報発信はどのメディアで行っているか（複数回答可）

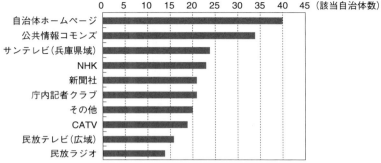

出所：アンケート結果より筆者作成

報が行き届かない住民も多くいる。
・悪天候でない場合でも衛星電話がつながりにくいことがある。災害時に確実に機能を果たせるよう通信環境の改善が必要。

5　災害時のメディア連携

　災害時には地域にあるあらゆるメディアを通して情報発信することも重要である。第2回のアンケート調査において、「災害時において住民への情報発信（台風時の災害状況や避難開設等）はどのようなメディアについて行っているか」（複数回答可）を調べた。図表7-10がその結果である。

5.1　進む自治体ホームページの活用

　まず41市町のうち40の自治体が自治体ホームページを活用している。インターネットのホームページは、住民もメディア関係者もその環境さえあれば閲覧できるので効果的な情報発信手段であるが、住民向けとしては留意が必要である。前項の「情報発信について苦慮している点や課題」の自由記述にあったように、インターネット環境を有しない世帯は高齢者を中心に一定程度存在する。図表7-11に内閣府の消費動向調査から「世帯主年齢階層別パソコン普及率（2014年3月末現在）」を示したが、60歳以上の単身世帯のパ

図表7-11 世帯主年齢階層別パソコン普及率

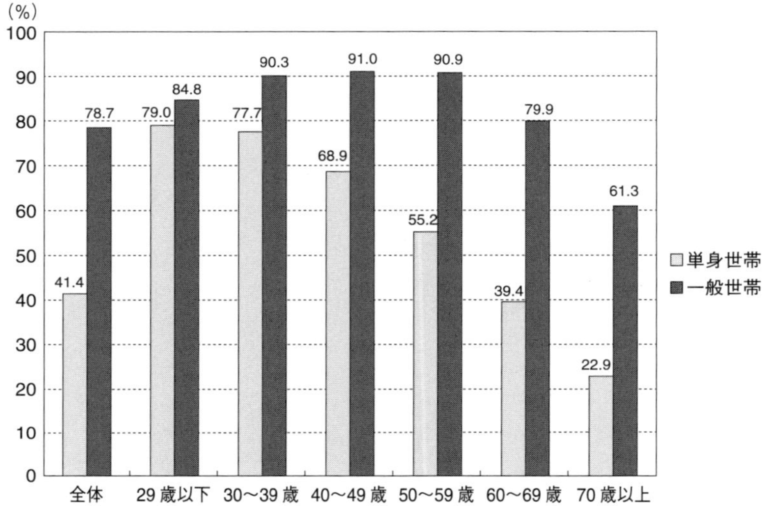

(%)
区分	単身世帯	一般世帯
全体	41.4	78.7
29歳以下	79.0	84.8
30～39歳	77.7	90.3
40～49歳	68.9	91.0
50～59歳	55.2	90.9
60～69歳	39.4	79.9
70歳以上	22.9	61.3

出所：内閣府消費動向調査より筆者作成

ソコン保有率が極端に少なくなっているのがわかる。パソコンでのインターネット閲覧を前提とした情報発信では不十分であることは明らかである。

また、アンケートの自由記載においてはホームページでの情報発信にあたっての問題点が聞かれた。ある自治体は「ホームページの公開が担当課でページを作成後、翌日更新の流れになっているので公開まで時間を要してしまう」点を、またある自治体は「ホームページにおいて分野別に情報を提供するため階層別に分類を行っているが、利用者からわかりにくいという声があり苦慮している」ことを示し、必ずしもウェブ作成に精通していない自治体職員による運用に限界があることもわかった。

5.2 公共情報コモンズが抱える課題

次に、35自治体が公共情報コモンズに入力を行っていると回答した。公共情報コモンズを運営する一般財団法人マルチメディア振興センターによると、平成26（2014）年3月12日現在で、都道府県内の何らかのシステムを連携させて「避難勧告・指示」「避難所情報」を全市町村が発信できるようになっ

ているのは、9府県で、兵庫県もその1つである。今回の調査で6自治体が公共情報コモンズを挙げていないのは、システム上の整備はされているが実際の運用までに至っていないケースがあることを示している。県内の自治体の取り組みにばらつきがあると、救援等に際して地域間で不公平が発生することにもなりかねず、早急に解消しなければならない。

ところで、公共情報コモンズは、国・地方公共団体及びライフライン事業者を「情報発信者」、そしてその情報を受ける放送事業者・新聞社・ポータルサイト運営事業者等の各メディアを「情報伝達者」と位置づけており、地域住民が直接受信することを想定していない。したがって、「情報伝達者」側での情報処理と情報伝達の在り方が問われるところであるが、そこにはいくつかの課題がある。

第一に、公共情報コモンズは「コモンズビューワ」という受信情報を蓄積・検索・表示できるソフトウェアを「情報伝達者」に無償で提供しているが、その後、放送等に情報を送り出すシステムは、それぞれの事業者が構築しなくてはならない点である。放送システム等は事業者により採用しているメーカーが違っており、機器の更新時期も様々である。地上波民間テレビ局においては同じ系列内でもばらばらのシステムを導入しており、データ放送やL字画面への取り組みも異なっている。公共情報コモンズの活用にあたっては、こうした事情を考慮して効率の良いシステムを構築していく必要があるが、容易な作業ではない。

第二に、前章でも指摘した通り、放送人をはじめ主たる「情報伝達者」である伝統的なメディアのICTへのリテラシーは必ずしも高くなく、最適なデータ処理・加工の仕組みをトータルにコーディネートできる人材が不足していることも、事業者が直面している課題である。

第三に、自動的に送られてくるデータをそのまま発信することへの抵抗感が伝統的メディアには根強い。俗に言う「裏取り」という直接情報元に情報の信頼性を確認することを必須と考える人が報道の現場には多く、省力化・効率化という公共情報コモンズのそもそもの概念と相容れない側面がある。

このように、公共情報コモンズの運用ははじまったばかりで様々な問題点が浮き彫りになっているところであるが、緊急性の高い情報を多様なメディ

アを通じて迅速かつ確実に伝えるためには、標準化されたフォーマットでのデータを共通基盤で活用するメリットは明らかであり、現場の声を反映しながら改良を加えて普及させていくことが望まれる。

5.3　テレビメディアへの災害情報提供の現状

　次に、図表7-10のアンケート結果から、テレビメディアに注目して考察を試みる。平成24（2012）年版「情報通信白書」によると東日本大震災に関して、「地震のニュースを最初に知ったメディア」として53.4％がテレビを、また、「情報源のうち最も役に立った情報源」でも63.1％がテレビを挙げ、どちらも他の情報源を大きく引き離してトップである。このことから、自治体にとっても国民に広く浸透した映像メディアであるテレビに情報を出してもらうことが重要であることがわかる。

　今回のアンケートで回答の多い順に自治体のテレビメディアへの情報発信をみると、サンテレビが24市町、NHKが23市町、CATVが19市町、民放テレビ（サンテレビ以外）が16市町となっている。同じ地上波テレビでも、県域独立放送局であるサンテレビと県域放送を行う神戸放送局があるNHKを、大阪に本社がある広域放送局である民放テレビ局よりも、自治体側が重視しているのがわかる。元々、兵庫県の中小の自治体には、近畿一円を放送エリアとする広域民放テレビには自分たちの地域の情報はあまりとりあげてもらえないという意識がある。「災害時における放送要請に関する協定書」を兵庫県がサンテレビとNHK神戸放送局と結んだのは共に昭和53（1978）年であるのに対し、広域局である毎日放送、朝日放送、関西テレビ、読売テレビと結んだのは平成8（1996）年と18年も遅れをとっていることも影響しているかもしれない。

　しかしながら、第4章の地域映像メディアの評価分析では、よく利用する情報源として最も多かったのはネットワーク加盟の地上波民間テレビ局（民放テレビ）であり、サンテレビが該当する地上波の県域独立局を挙げる人は多数ではなかった。実際のデータでは、サンテレビを地域情報源としてあてはまると答えたのは19％である。このアンケートは大都市圏が対象であり（兵庫県の場合は神戸市）、また、災害時に特定したものではないので一概に

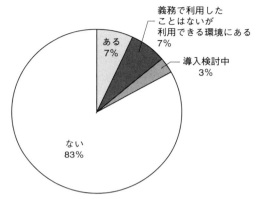

図表7-12　スカイプを業務で利用したことがあるか

出所：アンケート結果より筆者作成

はいえないが、少なくとも都市部の住民の情報取得行動と自治体側の情報提供行動に乖離があるのではないか。災害時には地域内への情報発信の他に、地域外に迅速に被災状況等を伝えて救援を得ることも不可欠であり、救援のためのリソースが豊富なのは近隣の都市部であることも考慮すると、市町においても広域のテレビ局に直接情報を送ることができるような仕組みと関係を築いておくことが望ましい。

　最後に、よりダイレクトな地方自治体からテレビメディアへの情報発信として、テレビ電話機能の活用について考えたい。第2回アンケート調査で「スカイプを業務で利用したことがあるか」と質問した結果が図表7-12である。

　「利用したことがある」はわずか3市町で、83％（34市町）が「利用したことがない」と答えた。今回のアンケートは漠然とスカイプ利用について聞いたもので、反応は芳しくなかったが、実際に兵庫県内で災害時に活用された事例がある。2013年9月に京都府福知山市は台風18号による水害に見舞われたが、その際、近隣自治体である兵庫県朝来市が支援活動を行った。朝来市では、現地に派遣した職員にスマートフォンを持たせ、スカイプ機能で被災状況の映像を朝来市防災安全課に送りながら打ち合わせに活用したのである（読売新聞, 2013）。映像で現場の状況を把握することでより適切な支援に

結びつけることができたという。

　このケースは直接テレビメディアに発信したものではないが、現場からの映像情報はテレビにとっても災害報道の要となる貴重な情報である。読売テレビでは、2013年12月8日に実施した大規模災害訓練において、兵庫県淡路島の洲本市と南あわじ市の協力を得て、自治体発のスカイプライブ中継を行い、筆者がコーディネートを担当した[6]。

　訓練の想定は、「日曜日の早朝5時に南海トラフを震源とするマグニチュード9クラスの巨大地震が発生、淡路島南部は最大震度の震度7を観測、淡路島南部にはただちに大津波警報が出される、地震発生から35分後には淡路島南部に10mクラスの巨大津波到達」というものだった。淡路島に最も近い読売テレビの拠点は神戸支局であるが、この想定では読売テレビから淡路島南部に映像取材班を出すことは極めて困難である。淡路島への陸路のアクセスは明石海峡大橋（もしくは四国側から大鳴門橋経由）しかなく、地震で橋が通行止めになれば淡路島へ渡ることはできない。淡路島に情報カメラが1台設置されているが、北部地域であり、洲本市や南あわじ市を捉えることはできない。またヘリコプターはより早く津波が到達するであろう和歌山県南部に初動で向かうことが想定されているので、事実上、淡路島南部の被害映像を読売テレビが独自に入手するのは不可能と考えられる。

　そこで、訓練では、あらかじめ用意したスカイプ利用可能なタブレット端末を渡し、洲本市の第三セクターのケーブルテレビ局である淡路島テレビジョンと南あわじ市のケーブルテレビを運営する市の総務部情報課のそれぞれの職員に、撮影しながらテレビ電話レポートをしてもらい、大阪のスタジオのアナウンサーの質問にも答えてもらった。洲本市からは局舎から見渡せる港の状況を、南あわじ市からは市が沼島という離島に設置している情報カメラの再撮映像が送られてきたが、映像のクオリティは低くても現場の様子をリアルタイムの映像で見られることに局内からは大きな期待が寄せられた。また、訓練に参加した自治体側からも緊急時に外部に情報発信するツールと

6）このスカイプライブ中継訓練もアンケート調査と同様、兵庫ニューメディア推進協議会の調査研究グループ活動に採択された「ポータルサイトとソーシャルメディアを利用した情報発信の可能性についての研究」のフィールド調査として実施された。

して、一般に普及するスマートフォンやタブレットでのテレビ電話の有効性が実感できたとの感想が届いている。

テレビの災害報道では、音声電話で被災自治体の職員等から話を聞くことはよく行われているが、新たなICT環境のもと、映像を伴ったコミュニケーションも視野に入れるべきではないだろうか。

5.4 フリースポット環境

東日本大震災の後、総務省の「大規模災害時等緊急事態における通信確保の在り方に関する検討会」（2012年）がまとめた「大規模災害時におけるインターネットの有効活用事例集」は、安否情報の確認・登録やメール、ソーシャルメディアによる災害情報の提供、動画通信による医療・健康相談支援、ボランティアや物資等のマッチング等でインターネットが有効活用されたことを示し、「災害時においても、できるだけその利用環境を用意することが求められる」としている。

第2回のアンケート調査では、兵庫県の自治体内のインターネットの接続環境について3つの質問をしている。①自治体内の公共施設で自由にWi-Fiを利用できる環境（フリースポット）はあるか、②自治体内の民間施設・民間事業者（ファストフード店等）で自由にWi-Fiを利用できる環境はあるか、③避難所で避難者がインターネットに接続できる環境はあるかについて、それぞれ図表7-13、7-14、7-15に結果を示した。

公共施設のWi-Fi環境整備は進んでいるとはいえ、フリースポットがあると答えたのは32％（13市町）にとどまった。整備しているところでは、庁舎内、公民館・市民センター、図書館、観光案内所等に設置されている。

これに対し、民間施設・民間事業者でのWi-Fi利用環境は61％あり、民間ベースでのフリースポット整備の広がりを感じさせる。留意すべきは、「不明」と答えた自治体が27％（11市町）存在することである。前出の「大規模災害時におけるインターネットの有効活用事例集」では、ソフトバンクモバイルやNTT東日本が提供する有料の公衆無線LANサービスが無料開放されたことが有効であったことが指摘されており、「災害用の特別な設備でなくても、既にあるインターネット通信環境の設定を柔軟に変更することで、

図表7-13　自治体内の公共施設で自由にWi-Fiを利用できる環境はあるか

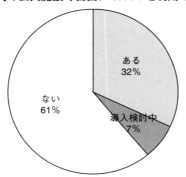

出所：アンケート結果より筆者作成

図表7-14　自治体内の民間施設・民間事業者で自由にWi-Fiを利用できる環境はあるか

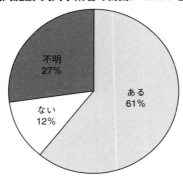

出所：アンケート結果より筆者作成

住民に対してインターネット通信環境を提供することができます」とメリットを挙げている。つまり、有事の際には民間の力を借りての通信確保が必要となり、そのためには自治体は地域の通信インフラ事情を把握しておかなくてはならない。「不明」という回答はそのような問題意識の欠如の現れといえ、早急に調査することを勧めたい。

　避難所にインターネット接続環境が「ある」としたのは12%（5市町）、「現時点ではないがすぐに接続できる準備がある」としたのが5%（2市町）で、83%（34市町）は「ない」という回答であった。動画通信による医療・健康相談支援、ボランティアや物資のマッチング等は、まさに避難所で

図表7-15 避難所で避難者がインターネットに接続できる環境はあるか

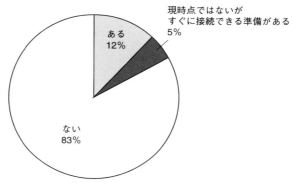

出所：アンケート結果より筆者作成

行ってこそより有効性が高まるものであり、避難所設置の際にはインターネット環境もあわせて提供するくらいの意識をもつべきではないだろうか。もちろん、地上系の通信施設は被災することも考えられるので、衛星系の設備も手配できるように普段から知識をもっておくことが肝要である。

6　まとめ

　本章では、兵庫県内の41市町を対象に行った自治体の情報化に関するアンケート調査結果を紹介しつつ、地方自治体の地域情報提供の在り方を考察した。都市部、山間部、農漁村部、島嶼部等、様々な地域性をもつ兵庫県の自治体においては、当然のことながら情報化の取り組みに違いがあり、こうしたばらつきは全国的にも共通していることであろう。全般的には突出して先進的な試みを行っている自治体は見られず、今後の取り組みを課題としている。その課題を以下に要約する。

　まずソーシャルメディアに関しては、興味はあるがなかなか積極的活用にまで踏み出せないでいるというのが現状のようだ。自治体職員個人や市民・町民まで巻きこむソーシャルメディアの活用には従来型の「事なかれ主義」的な行政態度は馴染まず、首長等による強烈なリーダーシップがなければ踏み出せない分野である[7]。しかし、東日本大震災でもその有効性が広く認知

されたように、今後映像情報も含めたソーシャルメディア情報発信への流れは不可避であり早い段階でのトライアルが望まれる。

　防災行政無線やケーブルテレビインフラを利用しての音声告知システムは順次老朽化による更新をむかえる。その際に、できるだけコストをかけずに、質の高い、しかも、住民のニーズに即したシステムを選択することが大きな課題となっている。小規模の市町であれば、個別にニーズを調査することも視野に入れるべきではないか。

　衛星電話は、庁舎だけではなく孤立可能性集落に配備する必要があり、定期的なテストは必須である。高齢者も含めた全住民がその存在を認知し、扱えるようになるくらいの目標をもってあたらなければ実効性は得られないであろう。

　ホームページ活用は進んではいるが情報の即時性は必ずしも担保されておらず、単身世帯の高齢者には利用されにくいので、常に同等情報の代替伝達手段を用意することが求められる。紙媒体の行政広報等が挙げられるが、頻度やコストをニーズにあわせて精査していく必要がある。

　公共情報コモンズについてはまだ自治体の足並みは揃っていない。メディア側も取り組みは緒に就いたばかりで、今後は柔軟に改良を加えながら普及させていくプロセスとなるであろう。テクノロジーの進化は早いので、陳腐化したシステムに固執せずに常に新しいものを取り入れていく姿勢で望むことが理想であり、その見極めが重要になる。

　テレビメディアへの地方自治体からの情報提供には、地上波テレビ放送免許の広域圏に属する一地域という事情からか偏りが見られた。県域テレビメディアとの連携だけで責務を果たしたと判断せずに、住民の実際のメディア消費行動を把握し、全国への波及も含めた情報浸透の実効性を見据えての情報発信を行うべきである。さらには、ダイレクトにテレビ局の放送に自治体側からテレビ電話レポートを行うことも有事の際には効力を発揮することを自覚するべきである。ソーシャルメディア活用同様トライアルを積み重ねる

---

7) 佐賀県武雄市が樋渡啓祐前市長のリーダーシップのもと、Twitter や Facebook を導入、積極的に活用している事例がよく知られている。

ことがいずれ役立つはずである。

　地域のインターネット環境、例えばフリースポットがどこにあるかを把握しておくことは、浄水場や発電所がどこにあるのかを知っておくのと同等の重要情報である。官民問わず、内外へ情報を発信する基地となり得るフリースポットは、有事の際はもちろんのこと、平時においても観光等に活用できる。

　アンケートの自由記載において、ある自治体は「発信媒体が多岐にわたり、入力労力、メディアによる発信方法の違いや内容の作り分け、発信有線順位などに苦慮している」と吐露しているが、災害時に住民の命を守るための情報を供給するのは市町村であり、平時からそれに備えての施策を思案、実行するのが役割である。省力化や効率化の工夫も怠ってはならず、人や知識の不足は民間や他の自治体との連携で補っていく道筋を探らなければならない。

　とりわけ地域の公共の電波を割り当てられているテレビ局は、民間といえど公共性を担う責務があり、放送エリア内の自治体による地域情報発信の担い手として期待されるのは当然で、地方自治体は積極的にコミットするべきである。筆者の知る限り、市町村レベルの地方自治体は、広域の地上波民間テレビ局と観光取材や事件事故災害発生時以外に接点をもつことはほとんどなく、普段からの意見交換等が行われていない。「顔の見えるつきあい」があることが、いざという時に役立つのであり、それこそが、地域情報発信力強化につながるのである。

参考文献

総務省（2012）「大規模災害時におけるインターネットの有効活用事例集」（http://www.soumu.go.jp/main_content/000173747.pdf，最終確認日2014年 4 月 5 日）．

総務省（2012）「平成24年版　情報通信白書のポイント」（http://www.soumu.go.jp/johotsusintokei/whitepaper/ja/h24/index.html，最終確認日2014年 4 月 5 日）．

内閣府（2014）「消費動向調査」．

読売新聞（2013）「朝来市建設業協水害復旧へ支援」2013年 9 月21日付朝刊但馬版．

第 4 部

ローカルテレビの
地域情報発信力強化へ向けて

第8章
映像メディアの特性とローカルテレビ再編

　デジタル化された映像コンテンツは概念的にはあらゆる伝送路で流通することが可能であるが、「最適」な流通経路を導くためには映像メディアの特性と複雑な映像コンテンツサービスの作業環境を理解する必要がある。本章ではこの点に注目し、映像コンテンツビジネスのノウハウの蓄積をもつ地上波テレビを基軸としたローカルテレビ再編について考える。

1　テレビメディアの特性

　ここでは、いくつかの視点からテレビメディアの特性について理解を深めることを試みる。まず産業の基盤としてのテクノロジーとサービスの基礎的理解として、「伝送方式」と「コンテンツ」を整理する。次に現実の作業工程として「コンテンツ制作」と「送出運行業務」をとりあげる。なお、本書での関心は映像を伴うメディアであり、インターネット等で配信される放送類似の通信コンテンツも含めて議論する。また、音声のみのラジオはとりあげない。

1.1　映像伝送手段

　坂本（2004）は、「テレビとは、見えるものや聞こえるものを電気信号に変換し、離れた場所に送って、見たり聞いたりできるようにするシステム」と定義する。この定義にあてはまる映像伝送方式には、地上波、衛星波、ケ

図表8-1　映像伝送方式別にみるテレビメディアの性質

	即時性	広域性	地域性	同報性	一過性
地上波	◎	○	○	◎	◎
衛星波	◎	◎	×	◎	◎
ケーブルテレビ	◎	×	◎	△	○
IPTV	◎	◎	×	×	○
ネット動画	◎	◎	×	×	×

出所：筆者作成

ーブルテレビ、IP網がある[1]。池田（2008）によるとIP網を伝送路とした映像配信は、インターネットテレビ型・ユーザー投稿型・ダウンロード販売型・IPTV型に分類できる。このうちインターネット上のオープンなサービスであるユーザー投稿型ネット動画と、事業者が用意するセットトップボックスで管理するクローズドなサービスであるIPTVをここではとりあげ、地上波、衛星波、ケーブルテレビとあわせた総称として「テレビメディア」と呼ぶこととする[2]。

それぞれのテレビメディアについて、その映像伝送方式がもつ物理的性質に関わる特徴を即時性・広域性・地域性・同報性・一過性の観点からまとめたのが図表8-1である。

・即時性

いつでも更新して最新の情報を提供できる即時性は新聞等のプリントメデ

---

1) 小池・宮地（2006）は、デジタル映像伝送配信の方式として、地上波・衛星波・ケーブル・光ファイバー（RF方式とIP方式）・xDSL（IP方式）を挙げている。RF方式はRadio Frequency方式で有線テレビと同じ方式。IP方式はInternet Protocol方式でインターネットで利用される技術。
2) 池田（2008）は分類の中で、インターネットテレビ型では、「アクトビラ」のように対応機能を備えたテレビのみ視聴可能なものや、「Gyao」のようにUSEN以外のプロバイダからアクセスした時は一般的なインターネット向け映像ストリーミングサービスだが、USENからアクセスした場合はIPTVといえるもの等があることを指摘している。議論が複雑化するのでここではとりあげない。また、ダウンロード販売型はテレビサービスというよりはDVDなどのパッケージ販売の代替と考えられるので、こちらもとりあげない。

ィアやDVD等のパッケージメディアと一線を画するテレビメディアの特性であり、情報の送り手と受け手がつながってさえいればどの伝送手段でも実現する。

・広域性と地域性

　カバーできるエリアの大きさを示す広域性では、衛星波は離島を含む日本全土、インターネット回線を使うIPTVとネット動画は物理的には全世界をカバーするので広域性に優ったテレビメディアである。反面、地域を限定して伝送するには特別にスクランブルなどのアクセス規制を施す必要があり、地域性に最適化されてはいない。

　地上波は送信所が見通せる範囲において受信が可能で、ある程度の広域性を確保している。また地上波は送信所（中継局）の数と周波数割り当てによってカバーエリアを調整できるのも特徴であり、限定地域への伝送にも適している。ケーブルテレビはケーブル敷設の範囲に限定されるので広域性はないが、地域性は高い伝送方式である[3]。

　以上の議論から、本来の伝送手段の性質からすると、全国放送に適しているのは衛星放送であり、限定地域への伝送を得意とする各地の地上波を結んで全国放送を行っている現在の日本の産業形態は効率的とはいえない。

・同報性

　同報性は一度の送信でカバーエリア内のすべての受信者に同じ情報をほぼ均一の品質で届けることであるが、これは電波伝送の特性であり、地上波、衛星波共にあてはまる。但し、衛星波に関しては降雨や霧による減衰を受けやすいという不安定さがある。ケーブルテレビは計画されているキャパシティ内であれば同報性は担保される。IPTV、ネット動画はアクセスが集中する輻輳の問題は避けられず、同報性に優れているとはいえない。

---

3) 複数のケーブルテレビ局を所有するMSO（Multiple System Operator）はインフラ上は全国を結ぶネットワークを形成しているので広域性があるともいえる。

・一過性

　伝統的なテレビ放送は、受け手が録画をしない限り放送時間に限り流れているもので、一過性のメディアである。つまり、放送時間に視聴しなければ見ることはできないし、繰り返し見ることもできない。情報が送り手から受け手への一方向である電波の特性から、必然的にこの形になったが、電波でないものも含め送り手側が決める番組編成に従って視聴する地上波、衛星波、ケーブルテレビ、IPTVは一過性の性質をもつといえる。

　但しケーブルテレビとIPTVに関してはビデオ・オン・デマンドのサービスを提供していることもあり、その場合見たいときに視聴できる他、一時停止や巻き戻しも可能である。

　一方で、ネット動画はインターネット上に保存されているコンテンツにいつでも利用者がアクセスして視聴する場合がほとんどであるが、それ以外に音楽ライブのストリーミング等、一過性の性質をもつものもある。ただ、こうした同時アクセスが集中するコンテンツの場合は、輻輳を避けるため事前に登録が必要となる場合が多い。

1.2　映像伝送手段とコンテンツ

　次に、上述の映像伝送手段の性質の違いに着目し、ある映像コンテンツについて、視聴者に届ける際にどのテレビメディアがそのコンテンツの伝送に適しているかを考察する。なお、実際のサービスでは、ケーブルテレビを通して地上波や衛星波のチャンネルを視聴することがあるが、ここでは第一次の伝送方式のみに注目する。

　即時性をもつテレビメディアはライブ伝送に向いている。ライブ伝送は、「今、現在進行形で、ある場所で起きていることを別の場所で見られるようにする」ことで、スポーツ中継は典型的なライブ伝送に適したコンテンツである。それではスポーツを例にとって、伝送手段の適性についてみてみよう。

　ワールドカップやオリンピック等の全国民的関心事は、広域性と同報性に秀でた衛星波が最適なテレビメディアである。日本のプロ野球のように地域ブロックごとにファン層が異なるものは、広域性と地域性をあわせもち、同報性も担保されている地上波が、対戦チームそれぞれの地元で放送すること

が合理的である。高校野球の県大会なども、やはり衛星波で伝送する必要性はなく、県内に同報できる地上波が最適メディアであろう。少年野球のように市町単位で開催されるようなものは、地域性が高くケーブル敷設の範囲内で同報性も確保されているケーブルテレビがふさわしい。広域性と一過性の性質はもつが、地域性と同報性はもたないIPTVは、ファン層が地域ごとに固まらず、かつ、ファンの数が限定されているハンドボールやフェンシングのようなニッチなスポーツの伝送には対応できるであろう。ネット動画もニッチなスポーツのライブ伝送を扱うことはできるが[4]、一過性ではないメディアという性質に当てはめると最も得意なのは「珍プレー・好プレー集」のような、いつ見てもいい、どこで見てもいい、何度も見てもいいコンテンツとなろう。

　ところで、他地域から故郷のプロ野球球団や出身校の県大会での試合を見たいというニーズも存在する。単身赴任の父親が、子どもの少年野球の活躍を見たくなるかもしれない。その場合、地上波やケーブルテレビで特定地域に提供されている映像に何らかの形でアクセスできればよいわけで、ニーズの大小により衛星放送、IPTV、ネット動画を使い分けることが考えられる。送り手側の連携やコンテンツ共有、複合的メディア展開の可能性がここにある。

　現在国内において、こうした伝送手段の効率的な棲み分けは十分に実践されているとはいえない。それぞれのテレビメディアの歴史や発展の経緯が異なるからである。例えば、ワールドカップやオリンピックの放送は、衛星ではなく地上波テレビで行われている[5]。これは、地上波が先行メディアで歴史が古く、まだ衛星波が存在しない時代に東京キー局を頭に全国の地上波局をネットワークで結ぶという体制ができあがり、それを基軸にビジネスが行

---

[4] ドワンゴが提供する動画共有サービス「ニコニコ動画」では、バドミントン日本リーグ2011を開幕戦から2日間（2011年10月15、16日）にわたり生放送し、初日に5万8,541来場者、2日目に5万729来場者を得ている。

[5] 衛星放送に関しては多チャンネルの特性を生かし、種々の専門チャンネルが展開されている。前出のバドミントン日本リーグ2011もスポーツ専門チャンネル「J SPORTS 1」で放送されている。

われているからである。加えて、衛星波は降雨や霧による減衰を受けやすいという不安定さを懸念する声がある。

　総務省の調べによると、2008年の映像系コンテンツ市場規模に占める割合は、地上波テレビ番組が53.8％であるのに対し衛星・ケーブルテレビは13.7％である[6]。ビジネス環境はすぐに変化するものではないが、送り手側の連携やコンテンツの共有という新しい事業を模索するにあたり、物理的性質に立ち返った視点は必要となろう。

　例えば、限定的な地域災害が発生している時に、有限なその地域の地上波を専有して全国的関心のエンターテインメントを流すことが妥当なのかどうかは一考の余地がある。それぞれの物理的違いを理解した上で、より複合的で重層的なテレビメディアサービスを議論する時機が来ている。

1.3　コンテンツ制作と送出運行業務

　ここでは、現実の作業環境としてテレビメディアコンテンツの制作過程と送出運行業務に注目しテレビメディアの特性について検討する。

　筆者は、脇浜（2014）において、地上波テレビ局での番組制作には、大勢の人手、数々の専門機器、周到な準備がかけられていることを示した。ニュース番組で数分程度の特集を制作する場合を例にとってその一般的な工程を示したのが図表8-2である。

　映像を伴うテレビメディアには、音声や活字のメディアに比べて格段に多い様々な工程がある。それぞれの作業に相応のスキルが必要であり、大半が実践から習熟されていくものである。それぞれの製作分野に十分な人材がいない現状を考えると、再編を論ずるにあたっては、コンテンツプロダクションの具体的作業を念頭において、作業の分担はどうあるべきか、その人材確保と育成をどうするのかといったことも検討課題に含めるべきであろう。

　次に、送出運行業務について考察する。伝送とコンテンツプロダクションの間に位置するのが送出運行業務で、大量のコンテンツを束ねてスムーズに

---

[6] 総務省情報流通行政局情報通信作品振興課・資料「コンテンツを取り巻く現状等について」（2011年2月17日）のデータより。

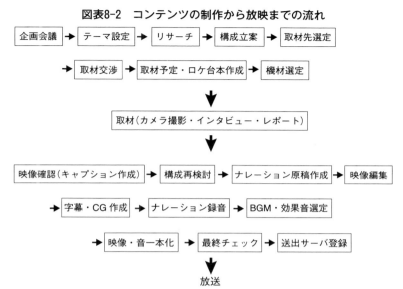

図表8-2　コンテンツの制作から放映までの流れ

出所：筆者作成

伝送するのに必要である。

　まず、地上波の送出運行業務を概観する。ここでは読売テレビが2008年3月にまとめた「放送運行概要〈第四版〉」を参考にする。1日24時間ほぼ休みなく放送している地上波の場合、番組を途切れさせることなく、無関係な映像や音声が入るなどのトラブルもなく、視聴者に届ける仕組みが必要となる。また、放送法等の枠組みから逸脱したコンテンツとなっていないかといったコンプライアンスチェック機能も必須である。さらに民放の場合は、CMを契約通りに放送することは至上命題である。

　送出運行業務の視点から番組を分類すると、1）自社制作番組、2）購入番組、3）局間番販番組、4）ネット受け番組の4つがある。1）は自局で制作する場合と、自局のプロデューサーを立てるが、実際の制作はプロダクションに委託する外部委託制作がある。2）は配給会社や広告会社等から購入する番組で、通常VTRテープで納入される。3）はネット系列局や他のテレビ局から購入する番組で、VTRテープもしくはテレビ中継回線で送られてくる。4）はネット系列局からテレビ中継回線を通して送られてくる番

組で、原則は発局と同じ時間に放送する同時回線ネットであるが、ディレードといって時間を遅らせて放送する、あるいは一度収録をして後日放送する場合がある。それぞれについて作業の詳細は異なるが、以下では、2）や3）のVTR素材で搬入されるケースで細かい作業フローをみていく。

①完成した番組のVTRテープが搬入される。
②プレビューして、番組内容・本編とCM枠の時間尺・スーパー誤字・サブリミナル・考査基準への抵触などをチェックする。
③手書きQシート[7]を作成する。
④Qシートデータを営業放送システム[8]に入力しファイリングデータを作成。
⑤ファイリングデータに沿って番組バンク[9]へファイリングする。
⑥営業放送システムで当該日の全データ登録が完了したら、読み合わせチェックを行う。読み合わせチェックは、編成局編成部・広報宣伝部・IT戦略統括部・放送進行の各担当者が一堂に会し、放送開始時刻・番組名・音声モード・字幕送出の有無・連動データ放送の有無等について声に出して確認する作業。放送する実データとEPG（電子番組表）・新聞発表等の視聴者向け情報を摺り合わせて、違いがあればこの時点で訂正を行う。
⑦読み合わせが完了すればデータサーバへ放送進行データを送信。データサーバが受信したOAデータをもとに、自動番組送出制御装置が番組バンクに対して制御を行い、ファイリングした番組が送出される。

以上が現在、地上波民間テレビ局が行っている送出業務の実際例である。生放送の場合は、内容に関して事前のチェックはできないので、②③のような内容と時間管理に関する作業は制作現場が担うことになる。いずれの場合も、最終的にマスターが正しく放送が流れているか常時監視業務を行ってい

---

[7] 番組名、音声モード、データ放送等の基本情報と、番組ロール、CM、字幕スーパー、オーディオ等が秒単位で記されているタイムスケジュール。
[8] 民間放送局の基幹業務システム。番組やCM等のコンテンツや放送スケジュール等の情報を秒単位で管理し放送送出システムに受け渡す。CM枠の販売や放送後の広告主や広告代理店への放送確認書・請求書発行までの業務まで連動して一元管理するシステムが主流となっている。
[9] VTRテープ等の搬入番組素材を、放送本番までに一旦ハードディスクに収録する。

る。送り手が番組編成を決めている場合は、大なり小なりこのような作業が行われている。

　その一方で、送り手が編成をしないネット動画においては、上記のような送出運行業務は現時点では必要となっていない。つまり、これらはユーザーの投稿が主要コンテンツであり、ユーザーがアカウント登録さえすれば、自らアップロードすることで即座に送出も可能になるので、番組バンクへのコンテンツのファイリングという作業は別途発生しない。タイムスケジュールで運行するコンテンツも、ごく一部に限られているので、Ｑシート作成等も基本的には必要ない。また、不適切なコンテンツに関しては、動画公開後にユーザーの報告を元に削除するなどの対処が可能であり、また内容に関しては責任を負わない旨を利用規約で明示しているので、プレビューチェックや読み合わせも行われない[10]。ネット動画において、大量のコンテンツを束ねてスムーズに送出するための作業に相当するのは、ウェブサイトのトップページのデザインと構成である。そこではカテゴリー分けや、アクセスランキングでコンテンツを紹介している。

　以上説明した送出運行業務の作業はこれまであまり注目されてこなかったが、再編や事業の水平分離（アンバンドリング）の議論に現実味を持たせるならば、検討されるべき課題である。いわば、コンテンツの内容とそのスムーズな送り出しの両方に関する「品質管理」にあたるものであり、少なくとも現状の地上波テレビの円滑な運営には必要とされている。今後、それがどの程度必要と考えるのか。もし必要なら、どう作業を分担し、どういったタイムラインで、どの場所で行うのか。また、問題があった場合にはどこが責任を持ち、どう対処するのかなど、整理すべき課題は少なくない。

＊　　　　　　　＊

　ここまでテレビ産業再編を考えるにあたり、テクノロジーとサービスの性質に関して基本的な理解と実際の作業環境の知識を深めることを試みた。既存の放送事業者はビジネス慣習にとらわれて、新たなテクノロジーの特性を

---

[10] 2010年改正放送法がインターネット等で配信される放送類似の通信コンテンツを規制の対象外としたのはこうした違いが大きいと思われる。

生かしたサービスに踏み出せないでいる。しかしながら過去から現在にわたって地上波ネットワークで全国放送ビジネスが成り立っているというだけの理由で、それを未来永劫続けると主張するのは説得性をもたない。また実際の「ものづくり」の現場に精通したメディア研究者は多くはないため、複雑な映像メディアの作業工程やクオリティ管理の詳細を含めた議論が進まない。次節ではこうした2つの立場の妥協点を探ってみたい。

2　ノウハウの還元

　テレビ産業再編にあたっては、全く新しいサービスをまず創出させ、既存サービスとの競争を促して全体としてのサービス向上と変革を導くという方法と、現存する事業や事業者を発展・拡大させて後にしかるべき分離やサービスの転換・移行をしていくという道筋の2つの考え方がある。

　前者の政策がとられたのが、地上波テレビのアナログ放送終了で空いた周波数帯を利用する、V-Highマルチメディア放送という携帯端末向けを想定した新放送サービスである。はじめから水平分離モデルと決められているこの新放送サービスをめぐっては、受託放送事業、つまりハード事業に関してはNTTドコモとKDDIが熾烈な免許獲得争いを繰り広げ、結果的にNTTドコモが割り当てを受け「モバキャス」という名称で2012年春に開始された。サービス開始にあたって、ハード事業者決定後に総務省が10〜15の参入枠を設けて「モバキャス」の放送局となるソフト事業者を募集したところ、結果的に1社しか申請がなかった（白石, 2011）[11]。これから開発される専用端末が必要となることが敬遠されたことも参入希望者が少ない理由であろうが、その他にゼロから映像ソフト事業に参入する難しさが示されたとも思われる。

　一方、後者の考え方が示されたのが「通信・放送の在り方に関する懇談会」の最終報告である。この最終報告では「デジタル・IPを活用した映像ビジネスの展開」が国際的に遅れをとっているという認識のもと、次のよう

11）放送局の名称はNOTTVである。NTTドコモのグループ企業で地上波の東京キー局も資本参加している株式会社mmbiが運営している。2014年1月末現在の契約者数は152万7,040件である。

に記述している。「ソフトパワーの強化は喫緊の課題であり、そのためには、放送事業者が重要な役割を果たさなければならない。なぜなら放送事業者は、脆弱なコンテンツ産業の強化や情報発信の充実、更には素晴らしい文化の発掘等に大きく貢献できるからである。従って、放送事業者が文化の発掘・創造と情報発信の担い手として存分に活躍できるような環境を整備することが必要である」。つまり、コンテンツ制作、情報発信、文化発掘に一定の実績を持っている放送事業者が主導していくことが、新たな映像ビジネスを切り開く第一との立場である。

　地上波テレビ事業者は、放送開始からおよそ60年の歴史の中で、報道、スポーツ、芸術、娯楽等あらゆる分野で映像表現、技術、送出の方法を発展させてきた。特に地上波民間放送事業者は、熾烈な視聴率競争の中で番組制作を洗練させてきた。扇情や低俗に導きがちであるとしてしばしば非難の対象となる視聴率競争であるが、人々の興味を逸らすことなくチャンネルに留まらせるという目的を追求する中で、様々な演出法が生まれ、トピックにより適切な時間の長さが試行錯誤され、編集テクニックや美術・照明の効果等も磨かれてきたという面は率直に評価されるべきである。また、番組制作だけでなくその広報やプロモーションにも工夫を凝らして、より多くの人に見てもらう努力を続けてきた[12]。これらのノウハウは数年間の専門学校での教育や、散発的にしか行われない業界団体の研修で修得されるようなものではなく、実際にチームで業務を行う中で徐々に身に付けていくものである。

　第5章でみたケーブルテレビのコミュニティチャンネルに対する視聴者の満足度調査では、質的な不満として「音質・画質が悪い」や「VTRの編集が下手」といった見栄えに対する指摘があったが、これは視聴者側も地上波民間テレビの番組の質に慣れてしまっているためと考えられる。逆にいえば、ネット動画の視聴者投稿のようなものを除けば、既存のケーブルテレビのコミュニティチャンネルであれ、新放送サービスであれ、今の地上波テレビのクオリティまで到達していなければ、地上波テレビに見劣りがして、それと

---

12) ここでの地上波事業者の優位性については、外注のプロダクションも含めた地上波放送事業に従事する者を総体的に論じている。

拮抗するだけの映像サービスになり得ないのである。「モバキャス」へのソフト事業参入者が少ないこともそれを反映していると考えられる。ちなみにここでいう「クオリティ」とは内容の面白さや深さという意味だけではなく、音声に雑音が入らずクリアに聞き取れる、余計な影が出ないようにきちんと照明が当てられている、スムーズで飽きのこない編集となっている、言葉の間違いや棒読みになることなくアナウンサーが話す、といったことを含む全体的な映像ソフトとしての完成度のことである。

　クリエイティブな作業を伴うテレビ産業においては、単にチャンネルを増やして新規参入を募っても、そこで流されるコンテンツがすぐに増えるわけではない。まずクオリティの高いコンテンツが多く作り出されるようになることが再編の前提条件である。優先して着手すべきはコンテンツを作り出す技能をもつ人材を育成することであり、上述したような様々な分野で、大幅に技能者を増員することなしにはこれからの映像産業を支えることはできない。

　以上のことから、既存の事業や事業者を発展・拡大させて後にしかるべき分離やサービスの転換・移行を行う道筋がより実効性は高いと思われる。つまり強制的な水平分離を行うのではなく、ハードとソフト一体モデルで培われてきたコンテンツ制作や送出管理などのノウハウを当面既存事業者に担保しながら新たなサービスへの展開を促し、人材とビジネスの成熟を待って、将来的に伝送方式の物理的性質とサービスとのミスマッチを解消させる等の整理を進め、必要であれば水平分離も含む再編を実現する方策である。

　とりわけ、地上波民間テレビ事業者は、「民間」でありながら公共の電波を長年にわたって寡占的に割り当てられることで映像メディアの制作と運営のノウハウを得てきた。これを新たなメディア環境の中で他者に還元して、自由で多様でかつ効率的なテレビ産業再編に貢献することを求められるのは当然といえよう。蓄積されているノウハウを他メディアに移転するための第一段階としては、地上波民間テレビ事業者がケーブルテレビやインターネット放送の独自コンテンツも手がけていくことになるが、具体的なモデルは後述する。それぞれの現場で人的な交流が生まれるような環境を整えればノウハウの継承が可能となる。

3 ローカルテレビ再編

3.1 地域性発揮の重要性

既存の地上波テレビの事業を発展・拡大させる再編策の有効性については、「中央」と「地域」では分けて考える必要がある。

ドラマやバラエティ等の主に「中央」で制作されるコンテンツに関しては、地上波以外のプレーヤーも再編へ向けた数々の試みを行っている。例えば、通信会社が資金を投入して地上波や映画で実績のある制作者や有名なキャストを使って携帯電話向けのドラマシリーズを作るなど、新興メディアの可能性が模索されている。エンターテインメントの分野は収益性が高くこのような積極的な参入が期待できる。また、ニュースの分野でも、東京にはCNNをはじめとする国際的なメディアが拠点を置き、放送と通信を融合した先進的な取り組みを行っていて、国内メディアもこれに刺激を受ける環境にある。このように地上波主導以外にも再編の原動力となる要素が「中央」には存在する。

しかしながら「地域」においては、収益性が高いとはいえない地域情報が主たるコンテンツであり、資金も人材も乏しく、地上波に対抗できるような新興メディアの出現への望みが薄い。つまり、既存の地上波テレビの事業を発展・拡大させる再編策は、「地域」において特に有効であると考えられるのである。

本書では、地域民間放送事業が真に「地域性」を発揮できる業界再編の在り方を模索するべく、地上波民間テレビとケーブルテレビをとりあげ分析の対象としたが、この他、地域テレビメディアでは、地方行政や議会が映像を伴うインターネット放送に取り組む事例が増加しており[13]、NPOや商店街が開設しているケースもある。さらに、全国向けのV-Highマルチメディア放送に対し、地域向けの放送が予定されているV-Lowマルチメディア放送には、2011年2月の総務省の調査でソフト事業者である委託放送への参入希

---

13) 例えば、和歌山県のインターネット放送局はYouTubeを活用している。http://shanimu.com/ 事例記事 /it活用事例 /2009/05/jichi- 2 .html を参照。

望が132者にのぼっている[14]。希望者の大半がラジオ事業者であるが、V-Lowマルチメディア放送ではワンセグ同様の動画サービスも可能となる。これら新旧の地域テレビメディアを利用者の利益を第一にしてダイナミックに再編していくことが求められており、その際、地上波テレビがリーダーシップをとっていくことが実効性をもった方策であるというのがここでの主張である。

　地上波民間テレビ事業者が主導し、地域のテレビメディア全体の「クオリティ」の底上げを図ることは長期的な「地域性」発揮を目指しているが、一方で短期的な「地域性」発揮にもつながる。地上波民間テレビ事業者にとって、ケーブルテレビやインターネット放送への展開は、情報発信ルートの多様化を意味するからである。第6章で指摘したように、東京キー局以外のローカル局の自社制作比率は高くない。その原因として、ネットワーク協定のため自律した経営ができず、地域の番組を放送する時間枠が自由に取れないという事情がある。これが地域災害報道の際に著しい足かせとなり、視聴者が不利益を被ることは第2章で論じた。しかし、情報発信ルートを現行の地上波チャンネルだけでなく、ケーブルテレビやインターネットまで広げると、地域に伝えられる情報は増加する。地上波チャンネルで東京キー局の主導で災害の全体像を伝えている間にも、地域の被災者のためのライフライン情報等をケーブルテレビやインターネット放送で提供することができる。ただし、いざという時に機能するためには平時から日常的に取り組んでおくことが必要である。

　平時においても、総合編成を基本とする地上波民間テレビ局ではローカルニュースの放送枠が潤沢にあるわけではない。図表8-3は、NNN系列テレビ局の平日昼のニュースのローカル枠放送時間尺である。キー局の日本テレビから9分間の全国ネットニュースが流れた後、それぞれの局が独自にローカルニュース枠を設定して放送する。放送時間尺と放送エリアの人口、面積、経済活動の規模とは全く相関は見られない。また、その日伝えるべきニュースの量が多くても少なくてもこの時間が増減することはない。局によっ

---

14) 参入希望者の一覧は、http://www.soumu.go.jp/main_content/000102180.pdf を参照。

図表8-3　NNN系列局の平日昼ニュースローカル枠（2011年9月）

局名	放送エリア	ローカルニュース枠
日本テレビ	東京・神奈川・千葉・埼玉・群馬・栃木・茨城	17分
札幌テレビ	北海道	3分20秒
青森放送	青森	4分15秒
テレビ岩手	岩手	3分10秒
宮城テレビ	宮城	4分50秒
秋田放送	秋田	3分20秒
山形放送	山形	4分05秒
福島中央テレビ	福島	4分05秒
テレビ新潟	新潟	5分05秒
テレビ信州	信州	2分30秒
静岡第一テレビ	静岡	6分55秒
北日本放送	富山	3分30秒
テレビ金沢	石川	5分10秒
福井放送	福井	1分
中京テレビ	愛知・岐阜・三重	9分35秒
読売テレビ	大阪・兵庫・京都・滋賀・奈良・和歌山	3分10秒
日本海テレビジョン	鳥取・島根	2分20秒
広島テレビ	広島	1分55秒
西日本放送	香川・岡山	2分35秒
長崎国際テレビ	長崎	2分35秒
熊本県民テレビ	熊本	4分35秒
鹿児島読売テレビ	鹿児島	2分05秒
テレビ宮崎	宮崎	4分

注：山梨放送・山口放送・四国放送・南海放送・高知放送・福岡放送はデータなし。
出所：テレビ番組表等より筆者作成

て異なる編成方針が反映されているだけである。営業的観点から、ローカルニュースは短くして、地域とは関係ない別の娯楽番組を放送するという判断をしているケースも多い。こうした局側の事情で、伝えられない情報が出てきているのが今の地上波民間テレビの実情である。伝送方式の選択肢が増加している中で、地域のための放送の施策を講じないのは、地域の報道を担うメディアとして適当ではない。

　2011年10月にBSデジタル放送のチャンネルが増加して、これまでの倍の24チャンネルとなった[15]。2012年春にはさらに7チャンネルが追加された。

---

15) 24チャンネルにはラジオ1チャンネル、データ放送1チャンネルが含まれる。

また、自宅のパソコンからのブロードバンド回線利用は2010年末で77.9％に達している[16]。全国一斉にコンテンツを届ける広域性をもつ伝送路が充実していく中、地域の電波周波数の割り当てを受ける地上波民間テレビ事業者にとって、「地域性の発揮」はますます「生命線」となってくる。

3.2　地域メディア再編モデル

具体的な再編モデルを、第5章で分析対象とした兵庫県を念頭に置き地上波民間テレビとケーブルテレビとの関係で提示する。第5章では、兵庫県は限定的な地元情報を発信する余地が、地上波放送の県域免許の地域よりも大きいことを示し、その原因が広域免許圏にあることを明らかにした。関西広域免許をもつ地上波民間テレビ局は、いずれも大阪に本社を置いて6府県をカバーしており、兵庫県だけにリソースを割いて地域情報を提供できる状況にはない。これについては次の2つの側面がある。つまり、例えば兵庫県の西の端で発生したニュースに対し、十分な人員を迅速に派遣できる体制をもっていないことと、仮に人員が派遣できたとしても、次に情報を発信できる放送枠が十分確保できないことである。このような状況の一方で、兵庫県内のケーブルテレビ局のコミュニティチャンネルでは慢性的なコンテンツ不足にあり、また、規模の大きいニュースに対応できる体制をもっている局も少ない。第5章で示した通り、非常に限られた人員で地域番組制作にあたっている。つまり、インフラとしては、地上波テレビもケーブルテレビも整備されているにも関わらず「地域情報のエアポケット」のような状態が生まれている。そのような地域において、地域メディア再編が望まれているのである。

(1) ニュース単位での連携

デイリーのニュースに関して、大阪本社の地上波民間テレビ局と兵庫県のケーブルテレビ局とが連携できれば、お互いを補い合うことで地域情報充実の可能性が広がる。例えば、地上波民間テレビが人員を手当できない兵庫県西部や北部の地域で発生したニュースに対しては、まずは当該地域のケーブ

---

16) 総務省の「平成22年通信利用動向調査」による。

ルテレビ局のスタッフが初動対応する。この時点で、ケーブルテレビ局にカメラ等を出す余裕がなくても、場所や名称の確認など、現場での基本の情報収集を行っておくことは後の迅速な取材活動に役立つ。地上波民間テレビ局のスタッフが合流したら、情報を共有して効率よく取材活動を行う。土地勘があり地元に顔見知りがいるケーブルテレビのスタッフがいることは、どこに行くとどのような映像が撮れるのか、この話は誰に聞けばいいか、中継のためのスペースを提供してくれる協力者はいるのかといった情報が得やすく、様々な点で有効である。カメラや中継車等、足りない機材を借りることもできるであろう。集めた情報や映像をニュースとして作り上げていくには、地上波民間テレビのリソースをフル活用する。そして、情報を発信するにあたって、地上波において放送枠が確保できない場合は、ケーブルテレビのコミュニティチャンネルで放送する。

　このような連携を行えば、取材をしてもそのニュースバリューに見合う放送枠が取れなかったり、他のニュースとの比較で「ボツ」になったりするケースがある地上波民間テレビが、当該地域のケーブルテレビに発信の機会をもてるので、これまでできなかった地域のニュースを視聴者に届けることができるようになる。一方、ケーブルテレビにとっては、自力では実現できない頻度とクオリティの地域ニュースを、コミュニティチャンネルで提供できることになり、視聴者の利益につながる。すなわち、ニュース単位での連携は、地域情報の需要と供給の崩れたバランスを一時的に取り戻すことを可能にする。

(2) 番組制作での連携

　ニュース単位での連携を発展させて、地上波民間テレビが、ケーブルテレビのコミュニティチャンネルに定期的に番組を制作する。例えば、数分しかないお昼のローカルニュースを、地上波での放送の後に、地域のケーブルテレビのコミュニティチャンネルでローカルニュースとして放送すれば、枠内に入りきらなかった情報や、「ボツ」になったニュースをそこでとりあげることができる。また、ケーブルテレビが取材したニュースもそこに組み込んでいくことで内容の充実をはかることができる。さらには、同じ番組内では

「クオリティ」の平準化が行われるので、こうした連携を日常的に行えばケーブルテレビ側の制作能力の向上が期待できる。

このフェーズでは、地上波テレビに蓄積されたテレビメディアコンテンツプロダクションのノウハウを、他のテレビメディアに分配することを実現する。受け継いだノウハウを、ケーブルテレビは独自のコンテンツ作りに生かしていけると思われる。

(3) チャンネル単位での連携

相対的に高い能力をもつ地上波民間テレビ事業者の関与としては、ケーブルテレビに別チャンネルを独自にもつという方法も考えられる。再送信チャンネルではなく、ケーブルテレビで地上波のチャンネルに次ぐ第二のチャンネルを運営し、より地域に密着した番組が編成できることになる。地方議会、県市町村選挙、地域スポーツ中継等、地上波ではカバーしきれていない分野は多くある。実際、大阪に拠点を置く地上波民間テレビ局は大阪府と大阪市の首長選挙は大々的にとりあげるが、大阪府の大阪市以外の市やその他の府県の選挙はほとんど扱わない。それぞれの府県に1つしかない県域独立局（但し、テレビ大阪はTX系）に任せる形となっているのが現状で、関西圏で情報量の格差が生まれている。これは、地上波民間テレビ事業者がケーブルテレビチャンネルをもつことで補完できる。運営においては、ケーブルテレビスタッフと共同であたりノウハウを教え、各分野の人材を育成する[17]。

＊　　　　　＊

(1)(2)(3)の連携は、「ケーブルテレビ」を、自治体やNPOのインターネット放送局や新しいマルチメディア放送に置き換えることもできる。また、地上波広域免許圏での府県間の情報格差を念頭に置いたが、県域免許圏でも県庁所在地等の中心市部とそれ以外の地域との情報量の差はあり、地上波テレビとケーブルテレビとの協働は同様に考えられる。形式上は地上波民間テレビ事業を発展・拡大させることになるが、狙いとしているのは、公共の電波

---

17) ケーブルテレビで地上波チャンネルを放送することについては、「再送信問題」という利害の衝突がとりあげられることが多いが、地域情報発展の視点からは利害を一致させての協働の方が受益者利益につながると考えられる。

を長年にわたって寡占的に割り当てられることで地上波民間テレビ事業者が得てきた映像メディアの制作と運営のノウハウを、他者に還元することである。様々な映像メディアの担い手が十分に育成されることが、「情報のエアポケット」を埋める前提条件となろう。

3.3　再編モデルの問題点と取り組み事例

　ここでは前項で提案した地上波民間テレビ事業主導の再編モデルの問題点を検討する。主たる問題点は、①ビジネスモデルに関わるものと、②多元性・多様性に関わるものに分けられる。前者は事業者自身が行動する妨げとなり、後者は制度設計者にとって最大の関心事である。

①ビジネスモデル

　地上波民間テレビがケーブルテレビ等の他のメディアに別の発信窓口をもつことは、現在の民間放送のビジネスモデルと完全に矛盾する。地上波民間テレビ事業のビジネスは視聴率を基本に成り立っており、その競争が熾烈なことはよく知られている通りである。自局が放送している同じ時間に、自ら別のコンテンツを別なところで発信し、視聴者にわざわざチャンネルを替えさせる機会を与えることは、元々の自局の放送番組の視聴率を目減りさせることにつながり自らの利益に反する。「地デジ」移行でマルチ編成[18]が可能となったにも関わらず、ほとんどの局がこれに積極的でないのも同じ理由である。

　また、仮に地域情報に関してケーブルテレビで番組を制作するにしても、利潤をどのように上げていくのかが明確にならないと、自発的に手を付ける事業者はいないであろう。本業である地上波のチャンネルの視聴率を目減りさせ、収入に悪影響を与える上、余分な経費がかかるのではビジネスとしては実現できない。さらに、放送の歴史の中で地上波民間テレビ事業者とケーブルテレビ事業者は、地上波テレビの再送信をめぐって長年争ってきた。地

---

18) 地上デジタル放送1チャンネルに割り当てられている6 MHzで、HDTV（高精細度映像）は1チャンネルしか放送できないが、SDTV（標準画質映像）であれば最大3チャンネル放送でき、マルチ放送が可能である。

上波民間テレビ局で働く者の中には、ケーブルテレビに対して抵抗感をもっている者も少なくない。

②多元性・多様性

　「多元性・多様性」の大原則からも異議を唱える声は大きいと予想される。現時点でも支配的な影響力をもつメディアである地上波が、ケーブルテレビにも進出して言論を「牛耳る」のは容認できないという立場である。緩和の方向にある「マスメディア集中排除原則」も同一地域内についてはそれ以外の場合と区別してより厳しい出資規制を敷いているし、同一地域内で地上波とケーブルテレビの両方を支配することはできない。また、ケーブルテレビ事業者にとっても、どの地上波局と連携するのかは大きな問題である。特に、公営や第三セクターの事業形態をとるケーブル局では、ある特定の地上波民間テレビ局とだけ連携するというのは認められない可能性が高い。

　しかしながら、従来のビジネス、そしてそれを前提とした制度理念を踏襲することでは地域メディア再編は成し遂げられない。地上波民間テレビ事業者が死守しようとしている視聴率本位ビジネスの「視聴率」とは、ほとんどが東京キー局が制作した番組のものであり、それは地域情報の充実にはつながらない。そして、地上波とケーブルテレビの発信者を分けることや、公的立場から特定の事業者とは組まないことは、形式上の「多元性・多様性」を確保することにすぎない。まずは、地域情報が十分に制作・流通する状況を作り出すことが先決であると思われる。

　実際、(1)(2)(3)のような試みを進めている地域がある。2010年6月から産学の共同研究として開始された「富山メディアプラットフォーム」は、「地域における情報流通を維持・拡大させるメディア事業の設計」をテーマに、特に映像コンテンツについて、地上波民間テレビ局とケーブルテレビ局の協働の実証実験を行っている。具体的には、地上波民間テレビ局のチューリップテレビが、自社制作地域番組を自らの地上波で県域に放送するとともに、高岡ケーブルテレビがそれを市内版やエリア版として共同編集して別の映像コンテンツとしてケーブルテレビを通して放送するものである[19]。そこでより限定的な地域に展開したい広告スポンサーを開拓し、ローカル局の新たな経

営モデルの構築を目指している。

　チューリップテレビがこの共同研究に参加する背景として、デジタル投資と不況による広告収入の落ち込みにより制作予算が大幅圧縮され、地域番組が激減している現状がある。この状況のもとで、キー局や広告会社に必要以上に依存することなく経営をスリム化・効率化するとともに、「保有する番組制作能力を最大限に活用した経営モデルを確立することが急務である」と表明している。一方の高岡ケーブルテレビは以下のような事情がある。つまり、大手通信事業者の展開する類似サービスと差別化を図るためには、視聴者のニーズに応えることができるコミュニティチャンネルの充実が急務で、それには今以上の番組制作力と資金が必要となり、チューリップテレビの制作協力と地域 CM による資金回収に期待を寄せている。つまり、地上波テレビが活用したい「保有する番組制作能力」とケーブルテレビが欲している「今以上の番組制作能力」をマッチングさせる試みといえるであろう。

　上記の産学連携を図る研究プロジェクトを推進する慶應義塾大学 SFC 研究所は、研究において重視する項目として、(i) 視聴されない地域番組を作成するのではなく、多くの地域住民に視聴される高品質な地域番組制作の維持・拡大、(ii) これら高品質な地域番組が、新たに生まれる多様な形態の広告により支えられる、という二点を挙げている。「多くの地域住民に視聴される」とは、「視聴率の取れる」、さらに「広告が取れる」ということに他ならない。この実証研究により、地上波民間テレビに蓄積されてきたテレビメディアコンテンツプロダクションのノウハウを生かすことが、多元で多様な地域情報の制作・流通への第一歩であることが示されることを期待したい。

参考文献

池田冬彦 (2008)「IPTV とは？ インターネット TV との違い、本格普及の可能性を探る」『ビジネス + IT』2008年12月10日（http://www.sbbit.jp/article/cont1/18133, 最終確認日2014年4月22日).
小池淳・宮地悟史 (2006)「IP マルチキャスト放送　技術とその動向」第19回情報伝達と

---

19) さらに高岡ケーブルテレビの IP 通信網限定でのパソコン配信やスマートフォンへも配信する計画である。

信号処理ワークショップ 特集テーマ「次世代ネットワークとデジタルメディア」(2006年10月18日(水)〜20日(金)、北海道知床 (http://www.ieice.or.jp/cs/cs/jpn/csws/paper19/t2_Koike.pdf, 最終確認日2014年4月22日).

坂本衛 (2004)「テレビの原理と放送局（テレビとは？ 地上放送局とは？）」(http://www.maroon.dti.ne.jp/mamos/tv/tvtoha.html, 最終確認日2014年4月22日).

白石武志 (2011)「応募わずか1社…。新放送サービス、失速の真実」日経ビジネスオンライン (http://business.nikkeibp.co.jp/article/topics/20110914/222642/?rt=nocnt, 最終確認日2014年4月22日).

総務省 (2006)「通信・放送の在り方に関する懇談会報告書」(http://www.soumu.go.jp/main_sosiki/joho_tsusin/policyreports/chousa/tsushin_hosou/pdf/060606_saisyuu.pdf, 最終確認日2014年4月22日).

総務省 (2011)「平成22年通信利用動向調査」(http://www.soumu.go.jp/johotsusintokei/statistics/statistics05b1.html, 最終確認日2014年4月22日).

総務省情報流通行政局情報通信作品振興課 (2011)「コンテンツを取り巻く現状等について」(http://www.soumu.go.jp/main_content/000114536.pdf, 最終確認日2014年4月22日).

読売テレビ放送株式会社 (2008)『放送運行概要〈第四版〉』.

脇浜紀子 (2014)「地域メディアの利活用」菅谷実編著『地域メディア力――日本とアジアのデジタル・ネットワーク形成』所収、中央経済社.

第9章
ローカルテレビ再構築への道筋

　本書では、地域情報発信力強化の視点から、ケーススタディや分析を通して、地域の映像メディア（ローカルテレビ）の再構築の道を探ってきた。本章では放送産業全体の制度設計の動向も踏まえながら、ここまでに得られた知見とともに、今後とるべき道筋を提言する。

1　ハード・ソフト分離論を越えて

　2010年12月に公布された「放送法等の一部を改正する法律」では、それまでサービスごとに「放送法」「有線ラジオ放送法」「有線テレビジョン放送法」「電気通信役務利用放送法」の4つに分かれていた放送関連法を「放送法」に統合し、「電気通信事業法」と「有線放送電話法」に分かれていた通信関連法も「電気通信事業法」に一本化した。2006年の「通信・放送の在り方に関する懇談会」に始まる一連の通信と放送の総合的な法体系の在り方をめぐる議論の過程では、通信と放送の区別ではなく、伝送・プラットフォーム・コンテンツといったレイヤー区分での横割りの規律として情報通信法（仮称）へ一本化すべきという提言もあったが、放送法制と電気通信事業法制の区別は残し、インターネット等で配信される放送類似の通信コンテンツについては規制の対象にしなかった。
　荒井（2010）は情報通信法（仮称）への一本化が見送られたことについて「現行法の整理と技術進歩等の新たな事態に対処するための最低限の制度整

備にとどまった感は否めない」（p.16）とし、三代沢（2011）も議論が結果として「後退した」と見て、「再度抜本的な法改正の議論を進めることが必要である」（p.53）と指摘している。この点について総務省は日本経済団体連合会（経団連）との意見交換で、「今後も社会の流れを見ながら、制度の見直しを継続していくつもりである」と回答しており、事業展開の自由度を上げ、新規産業を創出できるような制度改革はこの先も進められると予想される。これに伴い放送の再編も促されることになるはずであったが、地上波テレビ局をはじめとする既存事業者とそれ以外の論者とのこれまでの議論は必ずしも噛み合っていなかった。

　それが現れたのが、ハード部門とソフト部門の位置づけである。「通信・放送の在り方に関する懇談会」から遡る2001年12月に政府のIT戦略本部が発表した「IT分野の規制改革の方向性」では、あらゆるネットワークがIPネットワークに統合される方向であるという認識のもと、それを前提とした「横割りの競争促進体系への抜本的な改革」を実施すべきと提言した。その改革の具体的方向性として打ち出されたのが事業の水平分離（アンバンドリング）である。これは、放送事業でいうと、放送設備の管理・運営機能であるハード部門と番組の制作・編成機能であるソフト部門という2つに分離することで事業の再編成を促そうという考え方である。

　安田（2002）はアンバンドリングによる放送事業の再編成のメリットとして、1）ソフト部門への参入障壁が格段に低下し言論・サービスが多様化すること、2）独占・寡占状態になりがちなハード部門をソフト部門から切り離すので番組制作者が番組の放送・利用で生じた利益をコントロールしやすくなること、を挙げている。これに対し、日本民間放送連盟（民放連）は、アンバンドリングは自由で一貫した意思による番組編成を阻害し、災害放送等の公共的使命の妨げになると抗議し、日本新聞協会も言論・報道の多様性を損なうことにつながると、強く異議を唱えた[1]。

　自由で多様なサービスにはハードとソフトが一体であることが不可欠と主

1）「IT関連規制改革専門調査会報告」に対して2002年1月に社団法人日本民間放送連盟と社団法人日本新聞協会がそれぞれ文書で正式に意見表明している。

張する既存メディア事業者と、分離すればより自由で多様でかつ効率的な事業展開が可能になるとする有識者、この2つの全く相反する立場がぶつかった結果、2010年の放送法改正では、ハードとソフトを分離する制度とともに、ハードとソフトを一致させている現行の制度を希望する地上波放送事業者のためにこれを併存させることになった。既得権益者保護のための玉虫色の決着と批判する向きもあるが、現行のサービスの中断や質の低下を招くことなくデジタル化の進展を生かした新たなビジネスを創出していくためには、過渡期の「はじめの第一歩」としてやむを得なかったと思われる。

しかし重要であるのは、引き続き意見を出し合い、噛み合う議論をしていくことである[2]。この前提としては、まずは産業の基盤となるテクノロジーとサービスを基本に立ち返って捉え直しコンセンサスを得ること、そしてその上で現実に即した改革・再編の道筋を探ることが肝要である。実際の再編は、現在の作業工程やビジネス慣習を少しずつ変化させていくプロセスである。効率だけを説く理念的な議論や、過去の公共性の実績を声高に主張する段階は過ぎている。意見の異なる両者が歩み寄り、人々により豊かなメディア環境を提供するために何から手を付けるべきか実効性を持った方策を見つけ出す時である。

それでは、どんな方策が実効性をもつのだろうか。放送産業に制度設計者が期待するようなダイナミックな変化がまだ起きていない要因の1つとして、第8章において、映像メディア特有の複雑な作業工程が新規参入を阻んでいることを挙げた。そして、公共の電波を占有することで蓄積された映像情報発信のノウハウを地上波民間テレビ事業者は他者に還元すべきで、再編の第一歩は地上波民間テレビの事業発展・拡大であると論じた。

これまで経営的観点から、地上波民間テレビの事業発展・拡大を促す声はあった。例えば、高田（2002）や西（2005）は、マスメディア集中排除原則

---

2) 中村・菊池（2001）は、ハードとソフトの分離について、コスト効率性、技術中立性、公正競争性といった視点とは別に「コンテンツの活性化とネットワークの整備促進といったメディア政策上のより目的的な施策と位置づけることが可能ではないだろうか」（p.8）と述べ、特に日本のメディアの特殊性である放送コンテンツの重要性を十分に踏まえる必要があるとしており、実情にあわせた議論がポイントであろう。

を撤廃して、民放キー局とBSデジタル放送の一体経営を認めるべきであると訴えている。その背景には、形式的な多様性・多元性にこだわるよりも、まずは新規のBSデジタル放送にクオリティの高いコンテンツを供給して、メディアパワーをつけさせることが先決であり、そのためにはノウハウをもつ地上波事業者が主導することが有効であるとの考えがあると思われる。

また、山口・松本・三宅・山下（2009）は、今後日本の民放は衛星放送やケーブルテレビだけでなく、固定優先通信・無線通信など、あらゆるプラットフォームでの多メディア展開を意識したコンテンツ制作を強化すべきとする中で、「幸いにも、日本の放送局のブランド力は非常に高くイメージもよい。このブランド力やイメージを核としてさまざまなメディア上でコンテンツを展開することは、他事業者と比較してもきわめて優位であると考えられる」（p.49）と述べている。実際、民放連自身もマスメディア集中排除原則の緩和を要望し、地上放送とBS放送の兼営を検討課題としている（社団法人日本民間放送連盟, 2011）。

つまり、制度改革においては施策の順序が実効性を伴うかどうかの鍵となると思われる。言論の多様性・多元性は当然ながら達成すべき目標であり、また伝送方式の性質を踏まえたしかるべきサービスへの転換・移行も将来的に実現されることが望ましい。さらに自由で豊かなメディア産業のためには、ハードとソフトの分離を含む事業の分離も有効な策となるであろう。しかし、産業自体が成熟しないまま手を付けても、中身が伴わないものになってしまう。第8章第2節の「ノウハウの還元」の必要性でも触れた通り、まず取り組むべきは、地上波民間テレビ事業の発展・拡大の動きを促し、多元で多様なコンテンツの制作・流通を実現させることであり、その他の施策は、地上波民間テレビ事業者が手がけた新しいメディアが地上波テレビチャンネルに対抗し得るパワーを持ち、人材が豊富に輩出されてから実施すべきである。

この場合、キー局とBSデジタルの一体経営のような東京を舞台とするエンターテインメントといった収益性の高い事業については、規制緩和だけでも動き出す可能性が高い[3]。しかし地方においては、地域情報という未だ収益モデルの確立されていない分野であるため、自発的な事業の拡大が行われない恐れがある。第8章で触れた富山メディアプラットフォームの事例のよ

うに、大学が主導するという方法もあるが、地方自治体が旗振り役となれば、収益性よりも公益性に目を向けさせることができるのではないか。

とりわけ、地域情報の中でも最重要といえる災害時のメディアの在り方については、行政主導が効果を発揮する余地が大きい。阪神淡路大震災、東日本大震災を経験してもなお実現できていない災害時の共同取材体制、情報・映像素材の共有、災害初動報道時における役割分担の事前の取り決めなどは、有効であるとわかっていても、私企業が積極的に踏み出せない領域である。大規模災害が増加傾向にある中、災害時における伝送路や系列の枠組みを越えた連携を促す施策を行政主導で行うことも考える段階にきているのではないだろうか。

言論活動の自由に最大限配慮するのは当然であるが、地域情報発信のために最適に機能する地域メディア間ネットワークの構築を促し、地域メディア強化を主眼とするテレビ産業再編を政策的に最優先で取り組むことが望まれる。

2　地上波民間テレビへの期待

第4章の分析からも明らかなように、地域映像情報の主たる担い手メディアは地上波テレビである。サービス開始から60年にわたる歴史があることやテレビ受像機のほぼ全世帯への普及度から考えると当然のことといえ、デジタルディバイドといわれるような情報格差を招くことなく地域情報発信力を強化するためには、地上波テレビを基軸に再構築を行うことが最も実効性があるといえる。

ところが、地上波民間テレビ放送は、ネットワーク依存で経営が行われており、これが地域性発揮への障害となっていることが、第1章、第2章、第6章の考察から浮き彫りになった。日本型のテレビネットワークは東京キー局を頭とする中央集権的システムであり、制度的枠組みと経営の要請から生

3）ドラマ制作やお笑い等のエンターテインメントの分野では、通信会社がプロモーション的に資金を投入して、地上波テレビで実績のある制作者や著名なタレントを使って携帯電話への映像配信コンテンツに取り組む例が見られる。

み出された。ネットワークは全国に等しく情報を伝達する機能において優れており、また、地方のニュースを中央に吸い上げ全国に波及させるという役割も果たしてきた。さらに、放送は多くの専用設備を必要とする装置産業であり、それぞれの持ち場で人手を必要とする極めて労働集約的な職場であり、何より創造性が求められる事業である。このような特性をもつ事業においては、ネットワークのようなスケール感をもつことは有効であり、今後も東京に資源をある程度集中させて行う番組作りを否定するものではない。

　しかしながら、「土管型」経営の収益性の高さから地域民間放送事業者が地域情報充実に向けた積極的なメディア活動を行うインセンティブが得られず、現実としてその多くが自社制作比率10%前後に甘んじている状態はあまりにバランスを欠くと言わざるを得ない。地方分権や地方創生の機運の高まりの中、地域情報の充実は今後一層求められるものであり、ネットワーク依存度を弱め、意思決定の権限を健全なバランスにまで取り戻すことが必要であろう。

　その際に有効となり得る政策として第6章で挙げたのが、「放送エリア規制の見直し」とローカル番組比率に数値目標を設ける「行為規制」である。

　前者については、2006年12月25日に出された内閣府の規制改革・民間開放推進会議の第3次答申で、地上波民間放送の地域免許制について、「県域に限定された事業活動では経営基盤の強化に限界があり、結果的に視聴者の満足が得られるような情報発信メディアであり続けることが困難であるとの指摘がある」とし、「ローカル局の経営基盤の強化、ひいては、視聴者利便の向上を図る観点から、県域に限定している現行の地域免許制の在り方について抜本的に見直すべきである」と課題を指摘している。地上波の特性は広範な地域の多数に対し差別なく一斉同報できることである。一方で、全国一律の伝達しかできない衛星波と違い、地上波は周波数割り当てによる地区分けも可能である。この2つの特性からみても地域ブロック的まとまりで免許を付与するのには合理性があるが、県域に限定する必要はない。放送エリアを拡大するとそれだけ媒体価値も高まり、資本を集中させることもできるので、自社制作のための経済基盤や経営資源が確保される。

　また、「行為規制」については、2010年改正放送法で、地上波のように総

合編成をする基幹放送について放送番組の種別と種別ごとの放送時間の公表が義務づけられた。しかし、「教養番組」「教育番組」「報道番組」「娯楽番組」及び「その他の放送番組（通信販売番組及びそれ以外の放送番組）」の区分に分類するもので、番組のローカル制作比率をみるものではない。国はこれまで規模の規制という構造規制に重点を置いてきたが、それだけでは意図している「地域性」等が実現されてこなかった。現在、その構造規制も緩和し持株会社方式で規模拡大を認めていく方向にあるが、これに反応をしているのはこれまでのところ在京キー局が主体であることを考えると、「地域性」確保に対する懸念は募る。第1章第1.4項で触れた通り、免許申請が競合した場合に限ってローカル番組比率評価が導入されたが[4]、海外でも実施されている一定割合の地域番組の提供を確保する行為規制もとりいれるよう方向転換する時ではないか。無論、「言論の自由」は最大限尊重するべきで、安易な当局による比率規制は望ましくはない。それとは違う形でていねいに番組内容についてチェックできるような施策を模索する必要がある。例えば、年間放送しているすべての番組の制作著作とその比率について、広く視聴者に公表することを義務づけ、地域の電波を占有するに足る事業を行っているか客観的に評価できるようにするなどの案が考えられる。

　政策においては、地上波民間テレビ局がそれぞれの地域で放送波を代替するリーチ手段を開拓することを促すような規制緩和も望まれるところである。例えば、現在、業務区分が重複する地上波放送事業者が有線テレビジョン放送事業を行う事業者を支配することはマスメディア集中排除原則の適用上認められていないが[5]、デジタル技術の進展で伝送路を意識しない多様なメディアでの地域情報発信が可能となった今、それを最大限活用するべきである[6]。つまり、ケーブルテレビ、IPTV、地域ポータルサイト、デジタルサ

---

4) 第1章の「行為規制」の記述を参照。
5) 公正取引委員会の政府規制等と競争政策に関する研究会：通信・放送の融合の進展下における放送分野の競争政策の在り方（平成21（2009）年10月9日開催）での配付資料「放送分野の動向及び規制・制度」がまとめたマスメディア集中排除原則の適用状況を参照。平成22（2010）年の放送法改正でラジオ局と地上波放送全般について規制緩和が行われている。

イネージ等の多様な地域メディアを複合的に利用して情報発信ができれば[7]、仮に県域免許制約をなくして地上波の放送エリアが広域化しても、それに伴って細かい地域情報に行き届かなくなるという懸念も払拭される。地域ごとの事情によって必要とされる度合いや内容の異なる地域情報について、メディアを使い分けてのきめ細やかな対応が可能になる。この点について、第8章で「地域メディア再編モデル」として具体的に提示した。

　無論、こうした国の政策の手当をただ待つのではなく、地上波民間テレビ事業者は地域情報発信力強化へ向けて、今すぐに行動しなくてはならない。さもなくば、栄枯盛衰の末路をたどることにもなりかねない。

3　おわりに

　1957年の放送免許申請時に、読売テレビの前身である新大阪テレビ放送は「民間テレビはどうあるべきか——新大阪テレビの放送の経営方針」を策定し、その中で「関西地区において、全関西人のための全関西人の意志を反映したテレビ放送を行います」と謳っている。地域メディアとしての覚悟を宣言したものである。それから半世紀以上が経過し、ネットワークの形成、テレビ編成の発展、テレビ演出の進化等テレビ産業は大きな成長を遂げたが、他方その過程で、地域に資する覚悟が希薄になっていったことは否定できない。放送と通信の融合という新たな局面を迎え、従来の放送電波以外での地域メディア展開も可能となった今、設立時の経営方針に立ち返るチャンスなのではないだろうか。

　地域情報産業は今後ますます進化・発展できる分野であり、担い手となる事業者はこれまでの枠にとらわれることなく、積極的に自らの存在価値を高

6）2005年12月21日に出された内閣府の規制改革・民間開放推進会議の第2次答申では、地上波放送事業者が自ら電気通信役務利用放送事業者として登録できるような制度見直しを行って放送伝送路の多様化をはかるよう求めている。

7）生田目（2000）は、ローカル局の生き残り策は「ブランド力強化」であると述べ、全国にそれを発信していくという観点から、他メディアと提携・連携をはかって自社番組ソースを多元化していく必要性を説いている。

めていくべきである。デジタル化による構造変化は、真の地域情報の担い手が登場する好機である。「総合地域情報プロバイダー」となる覚悟をもって新たなテクノロジーを進んで導入し、情報収集・発信におけるイノベーションを起こし、ビジネスモデルの革新を躊躇しないことが、地域の多様なニーズを満たすことにつながる。そして、メディア事業者だけではなく、行政や地域の団体・企業、さらには地域住民の一人ひとりが、能動的に情報発信に関わっていくことが重要だ。地域の人たちが、安全で便利で豊かな暮らしを送り、地域への愛着を深め誇りをもつことこそが、「地方の時代」の根幹である。

参考文献

荒井透雅（2010）「通信と放送の法体系の見直し──放送法等の一部を改正する法律案」『立法と調査』No.304, 2010年5月（http://www.sangiin.go.jp/japanese/annai/chousa/rippou_chousa/backnumber/2010pdf/20100501003.pdf, 最終確認日2014年4月22日）.

社団法人日本民間放送連盟（2011）「マスメディア集中排除原則の緩和に関する要望」.

高田隆（2002）「デジタルBS放送の『集中排除原則』に緩和策が求められる理由」『IT PRO』, 2002年10月16日（http://itpro.nikkeibp.co.jp/free/ITPro/OPINION/20021015/1/, 最終確認日2011年10月26日）.

中村伊知哉・菊池尚人（2001）「通信と放送の日本型融合モデル」（http://www.ichiya.org/jpn/report/0107Japanmodel.pdf, 最終確認日2011年10月26日）.

生田目常義（2000）『新時代テレビビジネス──半世紀の歩みと展望』新潮社.

西正（2005）「BSデジタルの『マス排』撤廃をどう考えるか」『ITmediaニュース』, 2005年11月25日（http://www.itmedia.co.jp/anchordesk/articles/0511/25/news084.html, 最終確認日2011年10月26日）.

三代沢正（2011）「通信・放送融合環境下における通信プラットフォームに関する考察」『情報社会学会誌』第5巻第3号, pp.41-54.

山口毅・松本崇雄・三宅洋一郎・山下達朗（2009）「放送業界の脱ガラパゴス化 電波に依存しない放送メディアへの変化」『知的資産創造』2009年3月号, 第17巻第3号, 野村総合研究所コーポレートコミュニケーション部, pp.36-51.

安田拡（2002）「『アンバンドリング』が放送を変える（上）」『放送レポート』178号, メディア総合研究所, pp.62-66.

索　引

A-Z

Facebook　　17, 146
FOMA 中継　　24
IPTV　　13, 168, 195
JNN　　127
MSO（Multiple System Operator）
　　14, 16, 169
SNG 中継車（衛星報道中継車）　　23
Twitter　　17, 144
Ustream　　17, 29, 144, 148
V-High マルチメディア放送　　176, 179
V-Low マルチメディア放送　　179
YouTube　　17

あ行

一県一局政策　　4
一県四局政策　　4
一次情報　　31
一過性　　168
一括大量免許交付　　4
一般放送　　6
インターネット　　28
　　──動画　　18
営業収益　　100, 106
営業放送システム　　174
営業利益　　100, 107

──率　　100, 107, 114
衛星携帯電話　　151
衛星波　　168
　　──の減衰　　172
衛星放送　　9, 13
映像コンテンツの特性　　63
映像情報　　17
映像伝送方式　　167
映像メディア　　47
音声告知端末　　151

か行

改正放送法　　9, 194
外注スタッフ　　26
過疎圏　　72
価値判断のパラダイムシフト　　32
関西広域圏　　22, 69
キー局　　3, 8
基幹局　　iv, 91, 93, 95
基幹放送　　6, 195
基幹メディア　　29
規制緩和　　93, 192
規模の経済性　　36
供給分析　　iv
競争環境　　137
　　──の不在　　63
共同取材体制　　193
緊急情報　　86

199

ケーススタディ　22
ケーブルテレビ　12, 42, 66, 84, 168, 169, 171, 182, 185, 195
　　——の地域情報機能　15
県域圏　105
県域独立局　48, 50
県域免許　5, 8, 71
　　——制約　196
言論機関　100
言論の自由　195
言論の多様性・多元性　192
広域圏　47, 48, 105
広域性　168
行為規制　10, 137, 194, 195
公益性　139
公共情報コモンズ（Lアラート）　143, 154
公共の電波　191
構造規制　8, 9, 195
コミュニティチャンネル　12, 13, 14, 50, 66, 69, 79
　　——の自主制作番組　15
　　——の満足度　67, 72
コンテンツ　167
　　——制作　167, 172

さ行

災害・緊急時の報道　28
災害初動報道　193
災害対策基本法　149
災害報道　25
在局　49

再送信問題　184
再編モデル　182
　　——の問題点　185
佐用町豪雨被害の初動報道　22
三事業（新聞・ラジオ・テレビ）支配禁止　11
事業の水平分離（アンバンドリング）　190
自社制作比率　11, 36, 100, 109, 112
　　——（地域別）　119
自主制作番組　16
　　——の視聴頻度　79
自治体のソーシャルメディアの活用　18
視聴率　79, 185
　　——競争　30, 64
質的満足度　52, 79
「老舗型」ローカル局　126
収益性　14, 42, 192
収益モデル　192
周波数割当　4
出資比率規制　6, 8, 93
準キー局　22
情報格差　184, 193
情報源　85
情報伝達　144
情報のエアポケット　185
情報ハイウェイ　16
情報発信の価値判断　30
情報不均衡　47
初動報道　25
審査基準　4
水平分離　178

──モデル　*176*
スカイプ　*157*
スマートテレビ　*18*
生産活動　*103*
相関分析　*80*
総合地域情報プロバイダー　*137, 197*
総合編成　*194*
送出運行業務　*167, 172*
装置産業　*194*
ソーシャルメディア　*17*
　──ワーク　*144*
即時性　*168*

た行

第三セクター　*68*
大都市圏　*72*
多局化　*35*
多元性・多様性・地域性　*95, 130*
地域社会　*i*
地域情報　*13, 49, 50, 85, 192*
　──強化　*66*
　──源（ソース）　*51, 58*
　──の満足度　*53*
地域性　*27, 168, 195*
　──要件　*5*
地域番組　*10*
地域別営業利益率　*114*
地域ポータルサイト　*195*
地域密着サービス　*42*
地域密着性　*14*
地域メディア　*i, 28, 47, 196*
　──再編　*186*

　──再編モデル　*182*
　──力　*103*
　──連携　*28*
地上波　*168*
　──テレビ　*193*
　──放送の広域圏　*71*
地上波民間テレビ（民放テレビ）　*3, 4, 47, 182, 185*
　──のネットワーク加盟局　*50, 51*
地上波民間放送　*5*
　──事業　*9*
地方局（ローカル局）　*7, 27, 35, 37*
地方自治体の地域情報提供　*161*
地方創生　*i, 194*
地方の時代　*197*
地方分権　*27, 94, 194*
中海テレビ　*15, 33*
中核都市圏　*72*
通信・放送関連法　*91*
デジタルサイネージ　*28, 149, 195*
デジタルデータ　*ii*
デジタルディバイド　*193*
テレビ広告費　*92*
テレビメディア　*168*
伝送サービス　*66*
伝送設備　*66*
伝送方式　*167, 170*
伝送路　*29, 168*
電波法　*4*
動画共有（投稿）サービス　*17, 148*
東京キー局　*4, 27*
同質性　*8*
同報性　*8, 168*

東北放送　127
「土管型」経営　194
「土管型」ローカル局　124
富山メディアプラットフォーム
　186, 192
トリプルプレイ　13

な行

ニコニコ動画（仮）　17
2010年改正放送法　194
認定持株会社方式　9, 93
ネット動画　168
ネットワーク　7
　——協定　8
　——体制　27
　——の経済性　36
ネットワーク配分　8
　——金　12
ネットワーク平均依存率　36
ノウハウ
　——の還元　176
　——の継承　178

は行

ハードとソフトの分離　26, 192
パソコン普及率　154
番組供給　11
番組準則　10
番組調和原則　10
阪神淡路大震災　26, 30, 193
比較審査基準　11

東日本大震災　18, 29, 30, 193
非在局　49
1人当たり地域放送量　100, 109, 114
兵庫県ケーブルテレビ広域連携協議会
　68
兵庫県佐用町　22
フェアユース　138
付加価値額　131
福島第一原発の水素爆発事故　31
フリースポット　159
防災行政無線　143, 149
　——（兵庫県）　149
放送エリア　26, 129
　——規制　135
　——世帯数　100
放送局の開設の根本的基準　4
放送制度　4
放送対象区域　5
放送
　——と通信の融合　16, 92
　——の公共性　29, 30
　——の多元性・多様性・地域性
　6, 9, 130
放送番組供給協定禁止条項　12
放送普及基本計画　5
放送法　4
　——等の一部を改正する法律　6,
　9, 189, 194
放送免許　4
放送枠　182

ま行

マスメディア機能　　95, 125
マスメディア集中排除原則　　6, 9, 93, 191
マルチ編成　　185
マルチ放送　　137
民放テレビ（地上波民間テレビ）　　3, 4, 47, 182, 185
民放ニュースネットワークNNN　　23
メディアの多様化　　35

ら行

ライブ伝送　　170
量的満足度　　52, 79
隣接特例　　135
ローカル局（地方局）　　7, 27, 35, 37
　　——の経営課題　　8
　　——の評価基準　　130
ローカルテレビ　　3
　　——再編　　179
ローカルニュース　　183
ローカル番組比率　　11

〈著者紹介〉

脇浜紀子（わきはま　のりこ）　博士（国際公共政策）
1990年神戸大学法学部卒。同年、読売テレビ放送株式会社入社。「ズームイン！朝！！」の全国ネットキャスターなど、アナウンサーとして報道番組、情報番組を担当（現職）。2000年 University of Southern California, Annenberg School for Communication and Journalism 修士号取得。2004年より京都精華大学非常勤講師、2010年より京都造形芸術大学非常勤講師。総務省ユビキタスネット社会の実現に向けた政策懇談会構成員。2010年大阪大学大学院国際公共政策研究科博士号取得。慶應義塾大学メディア・コミュニケーション研究所研究員。兵庫ニューメディア推進協議会特別会員。NPO（特定非営利活動法人）HINT・理事。

主著
『テレビ局がつぶれる日』東洋経済新報社、2001年
「地域メディアの利活用」菅谷実／編著『地域メディア力——日本とアジアのデジタル・ネットワーク形成』所収、中央経済社、2014年

「ローカルテレビ」の再構築 —— 地域情報発信力強化の視点から

2015年1月31日　第1版第1刷発行

著　者　脇浜紀子
発行者　串崎浩
発行所　株式会社日本評論社
　　　　〒170-8474　東京都豊島区南大塚 3-12-4
　　　　電話　03-3987-8621（販売）　03-3987-8595（編集）
　　　　http://www.nippyo.co.jp/　　振替　00100-3-16
印刷所　精文堂印刷株式会社
製本所　株式会社松岳社
装　幀　溝田恵美子

検印省略　© Noriko Wakihama 2015
落丁・乱丁本はお取替えいたします。
Printed in Japan　　ISBN 978-4-535-58681-9

[JCOPY]　〈(社)出版者著作権管理機構　委託出版物〉
本書の無断複写は著作権法上での例外を除き禁じられています。複写される場合は、そのつど事前に、(社)出版者著作権管理機構（電話 03-3513-6969、FAX 03-3513-6979、e-mail: info@jcopy.or.jp）の許諾を得てください。
また、本書を代行業者等の第三者に依頼してスキャニング等の行為によりデジタル化することは、個人の家庭内の利用であっても、一切認められておりません。